WILD IN GEHEGEN

WILD IN GEHEGEN

Haltung, Ernährung, Pflege, Wildnarkose

Unter Mitarbeit von

Prof. DDr. DDr. h. c. JOHANNES BRÜGGEMANN, München — Dr. UTE DRESCHER-KADEN, München — Dr. ERIK ERIKSEN, Kopenhagen — Prof. Dr. RUDOLF FRITSCH, München — HANS-HEINRICH M. HATLAPA, Großenaspe — Prof. Dr. WILHELM JAHN-DEESBACH, Gießen — Prof. Dr. ERICH KUTZER, Wien — Dr. HEINRICH III PRINZ REUSS, Linz — Dr. HERBERT TOMICZEK, Wien — Dr. KLAUS ZEEB, Freiburg

herausgegeben von

HANS-HEINRICH M. HATLAPA

DR. HEINRICH III PRINZ REUSS

Mit 73 Abbildungen im Text und auf Tafeln und 12 Tabellen

1974

VERLAG PAUL PAREY · HAMBURG UND BERLIN

Umschlagphoto: Albert Rastl

ISBN 3-490-15612-9

 Anschriften: 2 Hamburg 1, Spitalerstraße 12; 1 Berlin 61, Lindenstraße 44-47. Printed in Germany by C. Beckers Buchdruckerei, Uelzen. Umschlag- und Einbandgestaltung: Jan Buchholz und Reni Hinsch, Hamburg.

Vorwort

Die in dieser Sammlung zusammengefaßten Arbeiten sind aus dem Bedürfnis entstanden, Fragen und Probleme darzustellen, die eine Haltung ursprünglich freilebender Wildtiere in umschlossenen Räumen mit sich bringt. Ihre Erläuterung und Behandlung soll die Einrichtung und Unterhaltung von Wildgehegen durch praxisnahe Anregungen erleichtern.

Wildgehege verschiedenster Kategorien würden leicht als Folge der Expansion westeuropäischer Ballungszentren und Schrumpfen der Wildbahn verstanden werden, wollte man ihre geschichtliche Bezogenheit vernachlässigen. Daher finden sich einleitend Beschreibungen von Wildkoppeln und Tiergehegen aus Zeiten überschaubarer Vergangenheit, aus denen ihre damalige Zweckbestimmung hervorgeht, die selbst bei gewichtiger Polarität dennoch in jenem geheimnisvollen Sehnen der Menschen, in der Natur unter Tieren zu sein, ihre Brücke zur Gegenwart findet.

Der erste Hauptabschnitt faßt eine Reihe von Studien zusammen, die Einordnung und Gestaltungsfragen geeigneter Landschaftswahl, Umzäunungs- und Einrichtungsproblemen gelten. Sie sind alle aus den Erfahrungen langjähriger Wildtierhaltung mit Rückschlägen und Erfolgen hervorgegangen, für deren Ursachen die Technik nur Teilstücke des Verstehens liefern kann. Deshalb müssen sie auch mehrfach in ihren wildbiologischen, hygienischen und ökologischen Zusammenhängen betrachtet werden.

Die Akzentsetzung im zweiten Teil sucht, in Auswertung und in Verbindung mit neuesten ernährungsphysiologischen Studien, Anleitungen für geeignete Fütterung zu geben durch Vergleiche und Gegenüberstellung von Beobachtungen in freier Wildbahn und in Gehegen. Erst hierdurch wird sich das Verständnis für Art und Anlage geeigneter Äsungsflächen vervollkommnen und die Schaffung zweckmäßiger Regenerationszonen der infolge erhöhter Wilddichte strapazierten Gehegevegetation als Mittel der Ökologie erweisen. Fragen der Gatterhygiene sowie prophylaktische und therapeutische Maßnahmen zur Eindämmung parasitärer Erkrankungen der Gehegetiere erhalten ihren bedeutenden Stellenwert durch sachkundige Auswertung langjähriger Erfahrungen und Forschung.

Als ein besonderes Bedürfnis, ja eine notwendige Aufgabe im Interesse des Wild- und Tierschutzes erweist es sich, den Problemkreis der Handhabung und des Habhaftwerdens der Gehegetiere deutlich zu machen, von der Einordnung bewährter Fangmethoden und Wildfänge angefangen, bis hin zu neuzeitlichen Immobilisationstechniken und tierärztlich-spezifischen Narkoseverfahren. Die medikamentöse Ruhigstellung als Hilfsmittel des Tierfanges, Transportes und der Zuchtverfahren wird in zunehmendem Maße auch von Laien vorgenommen. Der Umgang mit Drogen, Maßnahmen bei Zwischenfällen und die Versorgung des narkotisierten Stückes stellen triftige Gründe für eine möglichst allgemeinverständliche Darlegung.

Die Anordnung der so verschiedenen Texte beabsichtigt durchaus nicht, den Weg der Lektüre festzulegen. Vielmehr handelt es sich um in sich abgeschlossene Arbeiten, deren Gestaltung zu einem Ganzen bedingt, daß die Sammlung gelegentliche Wiederholung einzelner Beispiele als wesentlich erscheinende Erfahrungskomplexe aufweist.

Ohne den anregenden Gedankenaustausch und die zahlreichen Fachvorträge auf Tagungen der Vereinigungen österreichischer und deutscher Wildgehege wäre sicher der Weg zu allgemein zugänglichen Formen dieser Zusammenfassung nicht sobald beschritten worden. So mögen den Dank, der vielen gilt, die Gründer Dr. Heinrich III Prinz Reuss und Fürst zu Ysenburg und Büdingen stellvertretend entgegennehmen.

Großenaspe, im Frühjahr 1974 H.-H. Hatlapa

Inhalt

Dritter Teil: Handhabung des Wildes

ERSTER TEIL

GEHEGE ALS REPRÄSENTANTEN VON LEBENSRÄUMEN

Kapitel 1 Bedeutung und Aufgaben neuzeitlicher Wildgehege und ihre geschichtliche Bezogenheit

Die Haltung von Wildtieren in Umzäunungen, Wildhagen, Tiergärten und Koppeln ist so alt wie die Jägerei. Diente sie im Dämmermorgen der Umformung des menschlichen Lebensraumes vornehmlich als Einrichtung zur Zähmung und Domestizierung späterer Haustiere, so bildete sich mit wachsender Jagdkultur eine immer ausgeprägtere Vervollkommnung umfriedeter Wildreservate von unterschiedlicher Zweckbestimmung aus. Ein Blick auf Orts- und Flurnamen lassen noch heute die große Zahl von Wildgehegen und Tiergärten damaliger Zeit erkennen.

Im Zuge der Umgestaltung der Landschaft und der wechselvollen Geschichte seiner Bewohner unterliegen auch die Wildgehege mannigfacher Wandlung.

Landesherren, Klöster, wie auch größere Gutsbezirke, unterhielten Wildkoppeln mit eigens angestellten Wildwärtern, und Wildparke fanden sich durchweg neben jeder Residenzstadt oder jedem Leitrevier des Regenten angegliedert. Keineswegs erfüllten sie nur jagdliche Aufgaben und lieferten Wildpret für die Hoftafel, sondern gaben interessierten Gästen guten Anblick, stand doch der Handel mit Wild in hoher Blüte. Die Größe dieser Gehege erscheint recht differenziert. In meist parkähnlicher Landschaft und weiten Grünflächen umschloß ein hoher Zaun von mehr als 2 m Höhe auch Wacholder, Eichen und Löß-Hölzern Gebiete von oft mehreren Quadratkilometern Ausdehnung, besetzt mit vielen 100 Stück Schalenwild.

Tore und Pforten bewachten Heckkätner (s. Taf. 1), auch Schaureiter genannt. Ihnen oblag außerdem die laufende Überwachung und Unterhaltung des Plankwerkes und der Wildschutz. Noch heute ducken sich an Orten einstiger Wildgehege die alten Zaunreiterhäuschen tief in die Parklandschaft hinein, als stumme Zeugen einer hohen jagdlichen und tierhalterischen Kultur.

Berichte über Fütterungen des Gehege-Wildes, über Seuchenschäden und Probleme der Rentabilität aus jenen vergangenen Tagen lesen sich wie eine realistische Gegenwartsschilderung dessen, was die Gehegehalter auch heute besonders interessiert.

Die Ablösung der Jagddienste und Lockerung bestehender Jagdregale bedeutete das Ende der Wildgehege klassischer Prägung im 18. Jahrhundert, jener wildreichen Gärten, aus denen sich nach Kriegswirren und Notzeiten, Revolutionen und Verwüstungen die ausgebluteten Wildbahnen mit Rot- und Damwild neu beleben konnten. Einer der wenigen nordischen Wildparke, welcher die Jahrhunderte überdauerte, ähnlich wie der Lainzer Tiergarten im benachbarten Österreich, ist das Gehege von Jägersborg bei Kopenhagen.

1669 von König Frederik III. in Boveskov-Stokkerup angelegt, 1670 von Christian V. nach französischem Vorbild für Parforce Jagden wesentlich vergrößert, steht der Park seit 1760 der Öffentlichkeit zur Verfügung. Hier findet der Besucher in einer mehr als 1000 ha großen Laubwald- und Parklandschaft einen ungewöhnlich starken Bestand gut veranlagten bodenständigen Hochwildes vor.

Die alten, strohgedeckten Wildwärterkaten und Futterspeicher an den palisadenbewehrten Eingangstoren, hölzerne Wildscheunen (s. Taf. 1) und gedeckte Raufen inmitten weitwelliger Wildwiesen und vielhundertjähriger Eichengruppen lassen die Zeit hier für einen Augenblick stillstehen. Wen es anrührt, den Blick auf das Gewachsene, auf ein Geheimes der Schöpfung zu richten, wer das Leben unter Wildtieren und Naturgestalten sucht und es ihm ästhetisches Erleben bedeutet, der möge seine Schritte gelegentlich in diesen großen alten Wildpark lenken.

Es wird die landeskulturellen und sozialen Aufgaben sichtbar machen, die den Wildgehegen von heute zufallen.

Das sprunghafte Ansteigen von privaten, kommunalen und staatlichen Wildgehegen verschiedenster Widmung in unserer Zeit ist im wesentlichen als Folge des Heraustretens des Menschen aus der bodengebundenen Agrarlebensform in die neue arbeitsteilige, mobile Gesellschaft zu suchen. In wenigen Jahrzehnten vermochte der gewaltige Umbruch größere Veränderungen der soziologischen Struktur der Bevölkerung und eine umfassendere Wandlung der Landschaft, ihrer Bewirtschaftungsform und damit der Eingliederung in das Leben des Alltags hervorzubringen, wie dies im Laufe ganzer früherer Jahrhunderte nicht geschehen konnte.

Durch die Expansion der menschlichen Besiedlung werden die Lebensräume des Wildes laufend eingeengt. Während man in Nordamerika und Afrika und einigen europäischen Ländern rechtzeitig Reservate schaffen konnte, in denen die Erhaltung der Tier- und Pflanzenwelt gesichert erscheint, bieten der strukturell bedingte Rückzug der Landwirtschaft aus Gebieten mit extremen Boden-, Klima- und Geländeverhältnissen und eine Konzentration in günstigeren Landbauzonen die Chance, jetzt auch in hoch industrialisierten Ländern geeignete Flächen zusammenzufassen, um eingehegte große Reservate einzurichten.

In den bisher ländlichen Räumen eröffnen sich mit der Ausbildung der mobilen Funktionsgesellschaft weite Möglichkeiten für die Gestaltung der Lebensverhältnisse des Einzelnen. Sie sind nicht nur gekennzeichnet durch veränderte Erwerbsstrukturen, das Zurücktreten von Land- und Forstwirtschaft gegenüber dem tertiären Sektor, der Erholungsdienstleistung, sondern vor allem durch die Verfügbarkeit von Zeit und die abnehmende Bindung des Einzelnen an den Beruf. Von diesem Freizeit- und Wohlstandszyklus geht geradezu zwangsläufig die Fragestellung aus, wo werden die Menschen ihre freie Zeit als die künftige Hauptzeit des Lebens verbringen, und wie werden die durch neuzeitliche Produktionsmethoden freiwerdenden agrarischen Flächen für die veränderte Lebensweise genutzt. Bedenkt man zu allem die als Folge der Konzentration in den Ballungszentren und der Abwanderung aus ländlichen Gebieten zunehmende Entfremdung des Menschen vom Wild- und Haustier, von Landschaft und Natur, überschattet durch großflächige Umweltbelastung, dann ist die Renaissance einer Tierhaltung in Naturgehegen eine logische Entwicklungsfolge.

Die Nutzung von Sozialbrachgebieten durch Wildtierhaltung wird nicht nur in Deutschland sehr ernsthaft untersucht und begünstigt durch eine enorm verbesserte Zaunbautechnik und die schonungsvolle Handhabung von Wildtieren durch medikamentöse Immobilisation. Vielerorts entstehen auf ausgeschiedenen Grenzertragsböden Gehege für Schau-, Jagd- und Zuchtzwecke mit meist betontem wirtschaftlichen Hintergrund. Die Möglichkeit, Wildgehege zur Haltung von wertvollen Haustierrassen einzusetzen, deren Bestände durch Normzüchtungen und Hybridisierung gefährdet sind (Gen-Pools), gewinnt in zunehmendem Maße an Bedeutung. Einem wirksamen

Anteil an dieser Entwicklung muß den Tiersendungen im Fernsehen zugesprochen werden. Sie lösen den Menschen unmerklich aus seinem ihm vertrauten Leben heraus und die Suggestivkraft von Wildtierbildern, unberührten Paradiesen, greifbar nahe und doch so weit entfernt, hat eine völlig neue, teils emotional stark unterbaute Beziehung zwischen Mensch und Tier geschaffen. Weder vom Wissen noch von der Erfahrung her gerüstet, sich in der freien Natur zu bewegen, zieht der Mensch in immer größer werdender Zahl hinaus in Wald und Flur auf der Suche nach einer heilen Welt, die ihm doch gestern noch durch die Bilderfülle frei Haus geliefert wurde. Hier vermögen großflächige Wildgehege eine Art Mittlerrolle zu übernehmen. Je größer der Umweltdruck auf die Wildbahn wird als Folge der Waldgesetze und des Einsickerns der Erholungsuchenden in die Einstandsgebiete der natürlichen Wildbahn, je dichter die Zerspannung unserer Landschaft durch Straßen und Schiene, desto wichtiger wird es sein, den Strom der Erholungsuchenden zu lenken und Konzentrationspunkte zu schaffen – keineswegs, um in Zoo- oder Tiergarten-ähnlichen Einrichtungen die Vielfalt der Arten zu zeigen, sondern vielmehr um in großflächigen Wildparks die Begegnung mit dem Wildtier in größtmöglichster Freiheit zu erwandern, und damit die Menschen spüren zu lassen, wie das Wild lebt.

Der Beitrag, den Wildgehege für Belehrung und Bildung und audi-visuelles Lernen durch Darstellung von Ökosystemen in der Verständnisweckung für landschaftsbiologische Ordnungsbegriffe zu leisten vermögen, darf nicht übersehen werden. Zu den wichtigsten Aufgaben für die Allgemeinheit gehört die Unterstützung wildbiologischer Forschungsvorhaben in Zusammenarbeit mit wissenschaftlichen Instituten und eine Mithilfe zur Erhaltung vom Aussterben bedrohter Tierarten.

Wildgehege sind im Vergleich zu großen Nationalparken kleine Oasen zum Schutze von Wildtieren. Die Leitung solcher Gehege erfordert größtes Fachwissen. Es muß darüber entschieden werden, wie das Wild zu bewirtschaften ist, wie Baumbestand und Vegetation erhalten bleiben können. Folglich sollte der Leiter mit allen Fragen der Pflanzensoziologie, der Zoologie, der Tierkrankheiten, der Verhaltensforschung, der Tierphysiologie, der Jagd und der Genetik soweit vertraut sein, daß das in Gefangenschaft gehaltene Wild bestens zu gedeihen vermag.

Die Wildgehege stehen vor der Aufgabe, dem Kennzeichen der neuen Gesellschaft einen Aspekt hinzuzufügen, der die Wildarten als natürliche Glieder der Waldlebensgemeinschaft interpretiert und sie einordnet in die Gesamtheit der Schöpfung. Dabei wird sich das Bild einer Umwelt, wie sie der Mensch zukünftig braucht und wünscht, deutlicher abzeichnen, in dem vieles nicht nur am Nutzen meßbar sein wird, wo auch die kleinen Dinge am Wege ihre Bedeutung gewinnen. Auftrag und Zielsetzung aller die sich mit Wildhaltung in Gehegen befassen.

Kapitel 2 Der Wildpark „Lainzer Tiergarten"

Im Südwesten der Bundeshauptstadt Wien gelegen befindet sich Österreichs größtes Wildgehege, der Lainzer Tiergarten.

Die Landschaft entspricht dem Typus des Wiener Waldes. Sanfte, bewaldete Hügel wechseln mit weiten, den Blick in die Ferne freigebenden Wiesen. Der tiefste Punkt liegt auf einer Seehöhe von 200 m, und der höchste ist bei 514 m gelegen.

Zahlreiche fließende Gewässer haben in dem stark erosionsanfälligen Flyschgestein tiefe Gräben eingeschnitten.

Die Waldbilder sind durch die besonderen klimatischen Verhältnisse sehr unterschiedlich. Urwaldähnliche Eichenbestände mit einem Durchschnittsalter von etwa 400 Jahren wechseln mit Hainbuchendickungen oder absterbenden, von Baumschwämmen überwucherten, 140- bis 160jährigen Rotbuchenbeständen. In den bereits zum mitteleuropäischen Buchenwaldklima, mit größeren jährlichen Niederschlagsmengen und geringeren mittleren Jahrestemperaturen gravitierenden Höhenlagen und Schattenseiten, ist mit einem Anteil von rund 30 Prozent die Rotbuche vorherrschend. Ihr folgt, insbesondere in den mehr dem pannonischen Klima zugehörigen Gebieten mit den hohen Sommertemperaturen und verhältnismäßig geringen Niederschlägen, die Hainbuche mit 22 Prozent, die Weißeiche mit 21 Prozent, die Zerreiche mit 20 Prozent und verschiedene andere Laub- und Nadelhölzer mit 7 Prozent.

Die sich uns darbietenden Wälder sind ein Rest jenes Waldbildes, das durch ein jahrhundertelanges Vorherrschen des Jagdbetriebes gegenüber der Forstwirtschaft einen urwaldähnlichen Zustand schuf und der ursprünglichen Landschaft entspricht. Umfangreiche Abholzungen anläßlich der feindlichen Invasion 1809 hatten bereits Veränderungen in der Waldstruktur zur Folge. Ungesetzliche, großflächige Schlägerungen, Rodung und Besiedelung, insbesondere während der Jahre 1920/21, taten ein übriges, um das ehemalige Waldbild völlig zu verändern.

„Da im kaiserlich-königlichen Tiergarten, seiner Widmung gemäß, das Hofjagdwesen im Vordergrund steht, muß selbstverständlich der ganze Forstbetrieb diesem Hauptwirtschaftszweig kommodiert und untergeordnet werden." So zu lesen in den k. k. Wirtschaftsanweisungen für den Lainzer Tiergarten.

Tatsache ist, daß der Lainzer Tiergarten seine Entstehung und Erhaltung ausschließlich der jagdlichen Tradition Österreichs, ausgehend von den Babenbergen über die Habsburger bis in unsere heutige Zeit, zu verdanken hat. Der Ort Maurer mit dem vermutlich bereits im 11. Jahrhundert errichteten Jagdschloß der Babenberger Herzöge findet seine Erwähnung schon im Jahre 1229.

Der im Lainzer Tiergarten gelegene Auhof wird urkundlich erstmals 1270 genannt und die Errichtung eines „Tier- und Saugartens" bei Laab im Walde urkundlich im Jahre 1457 nachgewiesen. 1495 findet ein „Wolfgarten" beim Auhof seine Erwähnung, und ab 1557 war der Auhof Sitz der kaiserlichen Forstmeister.

Zur Zeit Karls VI. zählte der Lainzer Tiergarten bereits zu den großen kaiserlichen Jagden und war mit einem Zaun aus verflochtenen Eichenpfählen zum Schutze der umliegenden landwirtschaftlichen Kulturen eingefriedet. Die Vergänglichkeit dieser Einzäunung und die daraus resultierenden Klagen der ländlichen Bevölkerung über zunehmende Wildschäden war Anlaß, daß mit Patent vom 4. April 1742 die Kaiserin Maria Theresia im Interesse der Erhaltung des Wildbestandes und zum Schutze der Kulturen die Einfriedung des Lainzer Tiergarten mit einer Mauer verfügte. Diese Mauer wurde unter Kaiser Joseph II. in den Jahren 1782 bis 1787 mit einer Länge von rund 24 km erbaut und umschloß ein Gebiet von rund 2600 ha. Ein

Gebiet, das in einer knappen Reitstunde von der Residenz zu erreichen war und landschaftlich wie auch jagdlich mannigfaltiges zu bieten vermochte.

Der Wildbestand war im Laufe der Jahrhunderte starken Schwankungen unterworfen. So betrug er zur Zeit Kaiser Franz I. 4000 Stück, wovon etwa die Hälfte Rot- und Damwild, der übrige Teil Schwarzwild war.

Wölfe wurden noch in den Jahren 1833 und 1835 im Bereiche des Lainzer Tiergartens erlegt. Der letzte Bär wurde am 18. Dezember 1721, also vor 250 Jahren, am Nikolaiberg erlegt und wies ein Gewicht von 230 kg auf.

Durch seine Widmung als Tiergarten bedingt, wird im Lainzer Tiergarten auch heute ein zahl- und artenreicher Tier- und Wildbestand gehalten.

Das Schwarzwild mit einem Frühjahresstand von etwa 360 Stück stammt noch aus den schon vor mehr als 5 Jahrhunderten eingegatterten Wildbeständen. Das Rotwild, rund 90 Stück, stammt aus den rumänischen Karparten, teils aus Jugoslawien; das Damwild, rund 240 Stück, dürfte vermutlich schon um das 18. Jahrhundert in den Lainzer Tiergarten eingebracht worden sein. Das Muffelwild, zur Zeit etwa 350 Stück, ist der Überlieferung nach durch Prinz Eugen nach Wien gebracht worden und stellt somit das älteste Einbürgerungsvorkommen Mitteleuropas dar. In Fachkreisen wird dieses Vorkommen als eines der wenigen wirklich reinen Bestände Europas bezeichnet. Neben etwa 80 Stück Rehwild beherbergt der Lainzer Tiergarten noch 12 Auerochsen (Rückzüchtung), 12 Wildpferde (Tarpan-Rückzüchtung) sowie diverses Niederwild.

Nach dem Zusammenbruch der österreich-ungarischen Monarchie wurde u. a. das dem Familienfonds gehörige Gut Lainzer Tiergarten dem sogenannten Kriegsgeschädigtenfonds übereignet und 1937 an die Stadt Wien verkauft. Dieser Verkauf wurde vom österreichischen Bundestag beschlossen und hierbei die Wahrung des Gesamtbildes und der Eigenart des Lainzer Tiergarten als Naturschutzgebiet gesetzlich verankert.

Zugleich begann für dies Gebiet ein neuer Zeitabschnitt.

Der Wald, insbesondere in der Nähe der menschlichen und industriellen Ballungsräume, hat im technischen Zeitalter für das menschliche Leben und die Gesundheit unerläßliche Funktionen zu erfüllen. Seine Bedeutung als Rohstofflieferant ist zugunsten seiner positiven Wirkungen auf den Wasserhaushalt und das Klima, insbesondere aber auch für die Erholung der Großstadtbevölkerung, in den Hintergrund getreten. Jagd- und Forstgebiete von gestern sind Erholungsräume von heute.

In Lainz erfolgte der Übergang vom streng abgeschlossenen kaiserlichen Jagdgebiet zum öffentlichen Erholungsgebiet plötzlich, und dennoch reibungslos. Die legendäre Mauer wird laufend erhalten und erneuert, um das bedeutungsvollste Bindeglied zwischen der Natur und dem Menschen — das Wild — in freier Bahn zu erhalten. Mehrere hunderttausend Besucher kommen alljährlich in dieses kleine Paradies am Rande der Großstadt.

Der Lainzer Tiergarten, historisches, traditionsreiches Jagdgebiet des österreichischen Herrscherhauses, ist heute eines der wichtigsten und wertvollsten Erholungsgebiete für die Millionenstadt Wien und trägt dazu bei, die regulatorische Bedeutung *der Jagd im Haushalt der Natur zu interpretieren.*

Kapitel 3 Wildtierhaltung als ökologisch-ethologisches Problem

Jede Wildart hat sich über Erdzeitalter hinweg an ganz bestimmte Lebensräume erblich angepaßt. Die Lehre von der Vielfalt der Eigenschaften eines Lebensraumes heißt Ökologie. Bei der Anpassung an einen bestimmten Lebensraum hat die Tierart neben körperlichen Merkmalen auch solche des Verhaltens entwickelt, die durch das Erbgut an die Nachkommen weitergegeben werden. Die Lehre hiervon heißt Ethologie.

Bei jeder Art Haltung von Tieren durch den Menschen gilt der Grundsatz, daß diese nur dann ihre Leistungsanlagen voll entfalten können, wenn sich ihre artspezifischen Lebensansprüche mit der Umwelt in Einklang befinden. Die Leistung des Wildes bei der Haltung durch den Menschen besteht im Überleben und in der Vermehrung, also kurz in der Erhaltung der Art. Wenn vom Menschen gehaltenes Wild sich im Aussehen und Verhalten nicht von seinen Artgenossen in Freiheit unterscheidet, dann zeigt es gute Leistung und ist optimal gehalten.

Um die Lebensansprüche vom Verhalten her systematisieren zu können, müssen sie in folgende neun *Funktionskreise* aufgeteilt werden:

1 Ernährung
2 Ausruhen
3 Lokomotion
4 Ausscheidung
5 Fortpflanzung
6 Sozialverhalten
7 Raumstrukturbezug
8 Feindvermeidung
9 Komfortverhalten

Unter einem Funktionskreis versteht man die Wechselbeziehungen des Organismus mit der Umwelt. Umweltreize lösen beim Tier Verhalten aus. Im Zusammenhang mit der Wildtierhaltung können den neun Funktionskreisen vom Tier her ebenfalls neun *Funktionsbereiche* von der Haltungstechnik her gegenübergestellt werden:

I Fütterung
II Ausruhen
III Fortbewegung
IV Exkrementbeseitigung
V Fortpflanzung
VI Gruppierung
VII Klima
VIII Produktion
IX Gesunderhaltung

Wenn die Beziehungen zwischen den neun Funktionsbereichen, also der Umweltseite der Wildtierhaltung, und den neun Funktionskreisen des Tierverhaltens erarbeitet werden, ergeben sich insgesamt 31 Beziehungen, die im folgenden als Schlagworte aufgeführt sind. Wenn diese Begriffe beim Errichten und Betreiben eines Haltungssystems von Wild berücksichtigt werden, können grobe Haltungsfehler ökologisch-ethologischer Art vermieden werden. Man muß sich aber darüber im klaren sein, daß jede

Tabelle 1. **Schlagwort-Katalog der 31 ethologisch-ökologischen Begriffe bei der Wildtierhaltung**

Funktionsbereich FB (Von der Haltungstechnik her)	Funktionskreis FK (Von den Lebensbedürfnissen des Tieres her)	FB / FK	Schlagwort
I Fütterung inkl. Tränkung	1 Ernährung	I/1	Technik Futterplatz
	4 Ausscheidung	I/4	Hygiene Futterplatz
	6 Sozial	I/6	Platzangebot Fütterung
	7 Raumstruktur	I/7	Lage Futterplatz
	8 Feindvermeidung	I/8	Beunruhigung Futterplatz
II Ausruhen	2 Ausruhen	II/2	Technik Ruheplatz
	4 Ausscheidung	II/4	Hygiene Ruheplatz
	6 Sozial	II/6	Platzangebot Ruheplatz
	7 Raumstruktur	II/7	Lage Ruheplatz
	8 Feindvermeidung	II/8	Beunruhigung Ruheplatz
III Fortbewegung	1 Ernährung	III/1	Lokomotorische Futterauf.
	3 Lokomotion	III/3	Bewegungsraum techn.
	5 Fortpflanzung[1]	III/5	Bewegungsbedarf Fortpfl.
	6 Sozial	III/6	Auseinandersetzg. Fortbew.
IV Exkrementbeseitigung	Artspezifische und technische Besonderheiten bei der Exkrementbeseitigung.		
V Fortpflanzung	3 Lokomotion	V/3	Fortpflanzg. lokomotorisch
	5 Fortpflanzung[1]	V/5	Fortpflanzungssteuerung
	6 Sozial	V/6	Sozialverband Fortpfl.
	7 Raumstruktur	V/7	Fortpfl. raumtechn.
	8 Feindvermeidung	V/8	Beunruhigung Fortpfl.
VI Gruppierung	1 Ernährung	VI/1	Fütterungsgruppen
	5 Fortpflanzung[1]	VI/5	Fortpflanzungsgruppen
	6 Sozial	VI/6	Gruppenbildung artspez.
	7 Raumstruktur	VI/7	Gruppengrößen techn.
VII Klima	1 Ernährung	VII/1	Klima Futterplatz
	2 Ausruhen	VII/2	Klima Ruheplatz
	3 Lokomotion	VII/3	Klima Bewegungsraum
	5 Fortpflanzung[1]	VII/5	Klima Fortpflanzung*
	9 Komfort	VII/9	Klima Komfort
VIII Produktion	Einrichtungen zur Gewinnung des Produktes im Sinne von Leistung und Betreiben derselben.		
IX Gesunderhaltung	Aufrechterhaltung der Gesundheit in den 9 Funktionskreisen und im Hinblick auf die Raum-Zeit-Struktur.		

[1] Inkl. a. Brunst, b. Paarung, c. Geburt, d. Mutter/Kind, e. Rivalität

Art von Tierhaltung, soll sie wirtschaftlich sein, ein Kompromiß zwischen den Lebensbedürfnissen der Tiere und den haltungstechnischen sowie betriebswirtschaftlichen Belangen sein muß.
In den folgenden Kapiteln sind viele der in dieser Systematik enthaltenen Fakten ausführlich dargestellt. Diese Kurzfassung soll als Prüfschema für die Errichtung und für das Betreiben von Wildtierhaltungen dienen.

I Fütterung und Tränkung

I/1 *Technik Futterplatz* (Technische Fütterungs- und Tränkeinrichtungen, Handhabung von Fütterung und Tränkung. Lage des Futter- und Tränkplatzes im Raum).

Besonderheiten hinsichtlich der Bedürfnisse der verschiedenen Tierarten. Einplanen von Absperrvorrichtungen und Einrichten einer Deckung für Wildanästhesisten.

I/4 *Hygiene Futterplatz* (Technik und Handhabung der Beseitigung von Kot, Harn und entstehenden Schadstoffen an den Fütterungs- und Tränkungseinrichtungen).
Futter- und Tränkeplatz aus befestigten Flächen, um optimale Reinigung zu ermöglichen. Sorge tragen, daß Kot und Harn nicht in Nahrung und Tränke gelangen. In größeren Anlagen sollen die Futterplätze versetzbar eingerichtet werden.

I/6 *Platzangebot Fütterung* (Platzangebot an Futter- und Tränkplatz zur Vermeidung sozialer Auseinandersetzungen).
Eventuell Fütterungsmöglichkeiten an verschiedenen Orten anlegen, um soziale Auseinandersetzungen zu vermeiden und um Fortbewegung bei der Nahrungssuche anzubieten.

I/7 *Lage Futterplatz* (Lage von Futter- und Tränkeplatz innerhalb des Gesamtsystems hinsichtlich der arbeitstechnischen und -wirtschaftlichen Seite).
Futterplatz und Tränkeplatz so anlegen, daß Versorgung und Überwachung keine Schwierigkeiten bereiten.

I/8 *Beunruhigung Futterplatz* (Absicherung von Futter- und Tränkeplatz vor Störungen von außen).
Genügend Abstand vor Publikum wegen Beunruhigung. Aber auch, um Fehlfütterung zu vermeiden. Die Gefahren der Fütterung durch das Publikum können gar nicht hoch genug eingeschätzt werden!

II Ausruhen

II/2 *Technik Ruheplatz* (Technische Gestaltung und Wartung des Ruheplatzes).
Artspezifische Bedürfnisse zum Ausruhverhalten in technischer Sicht berücksichtigen: Lichtverhältnisse, Sonnenbestrahlung während der verschiedenen Jahreszeiten, Bedürfnisse bezüglich des Windes, Regen- und Schneeschutz, Bodengestaltung und Bodentemperatur resp. -Wärmeableitung, Bodenfeuchtigkeit.

II/4 *Hygiene Ruheplatz* (Beseitigung von Kot, Harn und Schadstoffen vom Ruheplatz).
Im Falle artspezifischer Gefahr von Verparasitierung geeignete Gegenmaßnahmen treffen.

II/6 *Platzangebot Ruheplatz* (Vermeidung sozialer Auseinandersetzungen am Ruheplatz durch technische Vorkehrungen).
Artspezifische Ausweichabstände am Ruheplatz, auch während der verschiedenen Jahreszeiten berücksichtigen.

II/7 *Lage Ruheplatz* (Lage des Ruheplatzes im Haltungssystem hinsichtlich Arbeitswirtschaft, -technik und hinsichtlich des sozialen Verkehrs).
Lage des Ruheplatzes so wählen, daß seine Wartung technisch problemlos, wie auch nicht störend für die Tiere ist; vermeiden, daß die Tiere sich gegenseitig stören.

II/8 *Beunruhigung Ruheplatz* (Absicherung des Ruheplatzes durch Störungen von außen).
Absichern des Ruheplatzes vor Störungen. Eventuell verschiedene Plätze anlegen, falls sozialbedingte Untergruppenbildung gegeben ist, damit Untergruppen oder Einzeltieren genügend Ausweichabstand geboten werden kann.

Wildgehege in alter Zeit. Flechtzaun (oben) und Heckkätner-Häuschen (unten).
Phot. H.-H. Hatlapa

TAFEL 1

Davidshirsche oder Milu. Phot. Prinz Reuß

TAFEL 2

III Fortbewegung

III/1 *Lokomotorische Futteraufnahme* (Technik und Handhabung lokomotorischer Futteraufnahme).
Im Falle der Weidemöglichkeit Schaffung von Umtriebsweide oder anderer Möglichkeiten der Stillegung von Weideparzellen zur Erhaltung der Futterflächen, aus Gründen der Verparasitierung und um dem angeborenen Aktivitätsbedürfnis bei der Futteraufnahme Rechnung zu tragen.

III/3 *Bewegungsraum technisch* (Technik und Wartung der Laufflächen, -räume und Verbindungswege hinsichtlich Betriebssicherheit, Haltbarkeit, Hygiene und Wirtschaftlichkeit).
Artspezifische Bedürfnisse hinsichtlich Größe und Struktur der Bewegungsflächen, -wege oder -räume berücksichtigen; soweit tierspezifisch möglich befestigen, um problemlose Wartung für Hygiene zu gewährleisten.

III/5 *Bewegungsbedarf Fortpflanzung* (Platzbedarf hinsichtlich der artspezifischen Bedürfnisse bei Brunst, Paarung, Geburt, Mutter-Kind-Beziehungen und Rivalität).
Den Bewegungsbedürfnissen, dem Bewegungsraum und der Raumstruktur bei Brunst, Paarung, Geburt, Mutter-Kind-Beziehungen und Rivalität Rechnung tragen.

II/6 *Auseinandersetzung Fortbewegung* (Gestaltung und Handhabung von Laufflächen und Verbindungswegen zur Vermeidung sozialer Auseinandersetzungen).
Den artspezifischen Ausweichabständen bei der Fortbewegung Rechnung tragen.

IV Exkrementbeseitigung

Technik und Zeitplan der Exkrementbeseitigung (Artspezifische und technische Besonderheiten hinsichtlich der Exkrementbeseitigung).

V Fortpflanzung

(Beinhaltet in dieser Definition a Brunst, b Paarung, c Geburt, d Mutter-Kind-Beziehungen und e Rivalität).

V/3 *Fortpflanzung lokomotorisch* (Technische Einrichtungen und Handhabung der Fortbewegung bei Brunsterkennung, Paarung und Geburt, zur Aufrechterhaltung und Steuerung der Mutter-Kind-Beziehung und zur Steuerung der Rivalität).
Berücksichtigung der artspezifischen Bedürfnisse, soweit sie bei a bis e die Fortbewegung betreffen. Dies trifft nur für Tierarten zu, bei denen in unseren Breiten kein ihren Bedürfnissen entsprechender Lebensraum geschaffen werden kann oder falls die Größe der Haltungseinrichtung nicht ausreicht, um den Geschlechtern genügend Ausweichabstand zur Verfügung zu stellen. Ansonsten gilt dieser Abschnitt vor allem für die Haustierhaltung mit vom Menschen gesteuerter Fortpflanzung, entsprechend dem folgenden Abschnitt.

V/5 *Fortpflanzungssteuerung* (Hilfsmittel und -maßnahmen zur Fortpflanzung a bis e).
Berücksichtigung der artspezifischen Bedürfnisse bei der Steuerung durch den Menschen.

V/6 *Sozialverband Fortpflanzung* (Strukturierung des Sozialverbandes nach Geschlecht und Alter im Hinblick auf a bis e).
Berücksichtigung der artspezifischen Sozialverband-Struktur bei a bis e.
Betrifft alle Maßnahmen der Abtrennung oder Einzelhaltung.

V/7 *Fortpflanzung raumtechnisch* (Platz- und Raumstrukturbedarf bei a bis e).
Berücksichtigung der artspezifischen Bedürfnisse hinsichtlich Flächen- und Raumgröße, wie auch der Raumstruktur im Sinne von Territorium.

V/8 *Beunruhigung Fortpflanzung* (Vermeidung der Störungen von außen wie auch durch Artgenossen bei a bis d).
Berücksichtigung der artspezifischen Bedürfnisse bei a bis d.

VI Gruppierung

V/1 *Fütterungsgruppen* (Alters- und Geschlechtsgruppen aus Fütterungsgründen in artspezifischer und betriebstechnischer Sicht).
Berücksichtigung der artspezifischen Bedürfnisse bei der Futtergruppenbildung.

VI/5 *Fortpflanzungsgruppen* (bei a bis e in artspezifischer und technischer Sicht).
Berücksichtigung der artspezifischen Bedürfnisse bei der Erstellung von Fortpflanzungsgruppen im Sinne von a bis e durch den Menschen.

VI/6 *Gruppenbildung artspezifisch* (Untergruppenbildung ohne menschliches Zutun durch Sozialverhalten).
Berücksichtigung der artspezifischen Besonderheiten bei der Sozialgruppenbildung.
Bei der Gruppenbildung soll die Möglichkeit von Mehrzellengehegen genutzt werden.

VI/7 *Gruppenbildung technisch* (Hinsichtlich ausreichender Überwachung).
Haltungseinrichtung so schaffen, daß Überwachung gewährleistet ist.

VII Klima

VII/1 *Klima Futterplatz* (Klein-Klima des Futterplatzes hinsichtlich der Bedürfnisse der Tiere und der Beschaffenheit des Futters und der Tränke).
Berücksichtigung der artspezifischen klimatischen Bedürfnisse der Tiere, der betriebstechnischen Gegebenheiten und der Optimierung der Beschaffenheit des Futters und der Tränke hinsichtlich des Klimas.

VII/2 *Klima Ruheplatz* (Klein-Klima des Ruheplatzes, auch vom Boden her).
Berücksichtigung der artspezifischen klimatischen Bedürfnisse und der betriebstechnischen Gegebenheiten hinsichtlich des Ruheplatzes.

VII/3 *Klima Bewegungsraum* (Laufflächen und Verbindungswege in Abhängigkeit vom Klein-Klima).
Brücksichtigung der artspezifischen klimatischen Bedürfnisse und der betriebstechnischen Gegebenheiten hinsichtlich der Laufflächen und Verbindungswege.

VII/5 *Klima Fortpflanzung* (Klimatische und kleinklimatische Beeinflussung des Fortpflanzungsgeschehens von a bis e).
Berücksichtigung der klimatischen und kleinklimatischen artspezifischen Bedürfnisse der Tiere und der betirebstechnischen Gegebenheiten hinsichtlich des Klimas.

VII/9 *Klima Komfort* (Wahlmöglichkeiten, um geeignetes Klein-Klima im Raum aufsuchen zu können).
Wahlmöglichkeit des Kleinklimas anbieten.

VIII Produktion

(Einrichtungen zur Gewinnung des Produktes im Sinne von Leistung unter dem Blickwinkel der artspezifischen Bedürfnisse).
Bei Wildtierhaltung ist das Produkt der Leistung die Art- und Individualerhaltung, der Forschungs-, Schau- und Lehrwert. Auch dieses muß im Zusammenhang mit den neun Funktionskreisen gesehen werden.

IX Gesunderhaltung

(Aufrechterhaltung der Gesundheit im Zusammenhang mit den neun Funktionskreisen, soweit bisher nicht behandelt und im Hinblick auf die Raum-Zeit-Struktur).
Berücksichtigung der artspezifischen Bedürfnisse der Tiere zur Aufrechterhaltung der Gesundheit im Zusammenhang mit den neun Funktionskreisen und auf die zeitbezogenen Abläufe derselben. Ausgehend von der Tatsache, daß jede Tierart neben dem angeborenen Verhalten in einem relativ starren Tages- und Jahresrhythmus lebt.

Leider ist unsere Kenntnis der angeborenen artspezifischen Bedürfnisse unseres Wildes noch sehr gering. Deshalb war es im Rahmen dieses Buches noch nicht möglich, die dargelegte Systematik für die einzelnen Wildarten auszubauen. Sie kann aber sehr wohl, wie schon oben betont, eine Hilfe sein, grobe Haltungsfehler zu vermeiden oder zu entdecken und zu korrigieren, um tiergerechte Lösungen bei der Haltung von Wildtieren zu finden.

Kapitel 4 Maßnahmenkatalog, Gehegeformen und Gütezeichen für Begründung eines Wildparkes für Besucher

Planung

Ermittlung des Bedürfnisses für die Errichtung eines Geheges an Hand der Ballungsdichte des Einzugsgebietes. Bei Großplanungen erleichtert ein Befragungstest durch Fachinstitute der Meinungsforschung die Kapazitätsbemessung.
Da jede Gehegeanlage eine Beeinträchtigung der freien Wildbahn bedeutet, wird ihre Projektierung zur Funktion der Raumplanung. In einigen Ländern der BRD gehört die Einschaltung der Raumplanungsbehörde zu den Präliminarien des Genehmigungsverfahrens. Unabhängig davon empfiehlt sich eine sorgfältige Abstimmung mit bereits vorhandenen Wildgehegen der näheren Umgebung. Wildparke für Besucher sollten 1 bis 2 Autostunden voneinander entfernt liegen.

Die sorgfältige Erkundigung über notwendige Genehmigungsverfahren und schriftliche Darlegung des Vorhabens gegenüber Gemeinde und Behörde schützt vor Fehlinvestitionen.

Verkehrssicherung

Die Straßenbeschilderung zum Heranführen der Besucher wird allein nach Gesichtspunkten der Verkehrssicherung und nicht aus Werbegründen entschieden.

Steuern und Versicherung — Fachverband

Steuerlich gilt ein Gehege meist dann als land- und forstwirtschaftlicher Nebenbetrieb, wenn das Futter für den gehaltenen Tierbestand aus dem Gehege oder dem zugehörigen Betrieb überwiegend kommt. Eine Aufteilung in Gewerbebetrieb (Wildpark) und Land- und Forstbetrieb bedarf aus steuerlichen Gründen (Einheitswert) dringend der Prüfung.

Der Abschluß einer Haftpflichtversicherung (Tierhalterhaftung, Verkehrssicherungshaftung) ist zwingend nötig. Schutzhinweistafeln entbinden nicht von der Haftung (z. B. „Benutzung auf eigene Gefahr").

Als zuständige Fachverbände erteilen die Österreichische Wildgehege e. V. und Deutsche Wildgehege e. V. sachdienliche Auskunft. Beitritt ist angezeigt.

Gelände

Mit der Auswahl des Geländes ergeben sich grundrechtliche Probleme (Überwegung, Kiesentnahme,Wasserrechte). Ihre Abklärung erspart Ärger. Die Trassenführung der Umzäunung könnte davon beeinflußt werden.

Gehege

Die Anlage und Führung eines Gehegebuches unter Darlegung des Zweckes und der Aufgaben des Wildparkes sowie Aufzeichnungen über den Tierbestand, Parasitenkontrolle, Seuchen und besondere Vorkommen wird angeraten. In einigen Ländern bestehen darüber Vorschriften.

Ein Informations- und Lageplan hilft dem Besucher, sich zu orientieren und seine Wanderung zu disponieren an Hand der Wegführung.

Wichtige Einrichtungen

Verkaufsstand für Erfrischungen und Andenken; WC-Anlagen in ausreichender Zahl; Kasse mit Erweiterungsmöglichkeit für Zeiten hoher Besucherfrequenz; Kinderspielplätze; Ablegeräume für Hunde; Sitzbänke, Papierkörbe; Wetterschutzhütten; Beschilderung mit Einteilung der betretbaren und gesperrten Zonen.

Technisches

Strom; Gebrauchs- und Abwasser (Klärgruben); Müllbeseitigung; Telefon; Erste Hilfe, Abschleppdienste.

Tierhaltung und Bestand

Quarantänestation; Wechselgehege; Zaunkontrolle; Schutzunterstände für Wild; Futterplätze; Futtervorratshaltung; Volierenpflege; Auswahl des Tierartenbereiches unter Zurateziehung der Fachvereinigungen.

Betreuungspersonal

Tierpfleger- und Qualifikationsnachweis; Unterbringung in Gehegenähe wegen notwendiger Aufzucht von jungen oder erkrankten Tieren und Kontrolle.

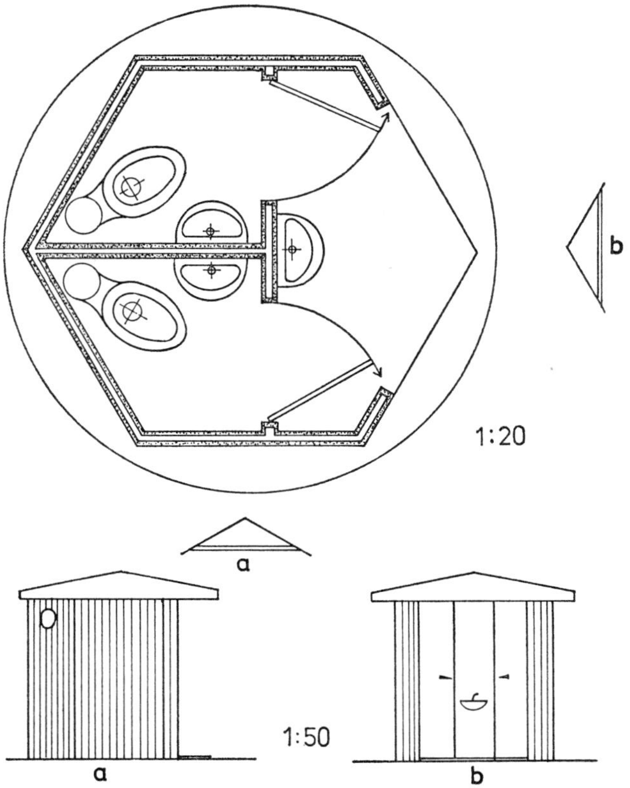

Abb. 1. WC-Anlagen (nach Vicomte d'Harcourt)

Gütezeichen

Die Statuten zur Erteilung eines Gütezeichens für Wildgehege definieren die verschiedenen Wildgehegeformen näher und stellen Mindestanforderungen heraus, deren Beachtung aus tier- und jagdschutzrelevanter Sicht in die Problematik der Haltung von Wild in Gehegen einführen.

Statuten zur Erteilung eines Gütezeichens für Wildgehege in Österreich

Es werden A. Jagdgehege,
B. Wildparks für Besucher und
C. Zuchtgehege
unterschieden.

A. Jagdgehege

1. Definition
Ein Jagdgehege ist ein umfriedetes Jagdgebiet (Mauer, Drahtgeflecht und ähnliches), dessen Einzäunung so beschaffen sein muß, daß ein Auswechseln der im Gehege gehegten Wildarten unmöglich ist. Einsprünge und ähnliches sind verboten.

Es werden unterschieden:

a. Jagdgehege nur für Jagdzwecke
b. Jagdgehege mit Besuchsmöglichkeiten unter Berücksichtigung des Jagdbetriebes.

2. Zweck
   a. Haltung, Hege und jagdliche Bewirtschaftung von Wildarten, die in freier Wildbahn mit dem Stand der heutigen Landeskultur schwer vereinbar sind.
   b. Haltung und Hege von Wildarten, die in freier Wildbahn vom Aussterben bedroht sind.
   c. In den Jagdgehegen mit Besuchsmöglichkeiten (1 b) soll dem Besucher Gelegenheit gegeben werden, die unter a. und b. angeführten Wildarten in natürlicher Umgebung beobachten zu können.

3. Bejagung
   a. Die Bejagung basiert auf den Grundsätzen der Weidgerechtigkeit und den gesetzlichen Bestimmungen.

4. Größe
   a. Die Mindestgröße von Jagdgehegen nur für Jagdzwecke (1 a) hat 115 ha zu betragen.
   b. Unter bestimmten Voraussetzungen kann die Mindestgröße durch Vorstandsbeschluß herabgesetzt werden.

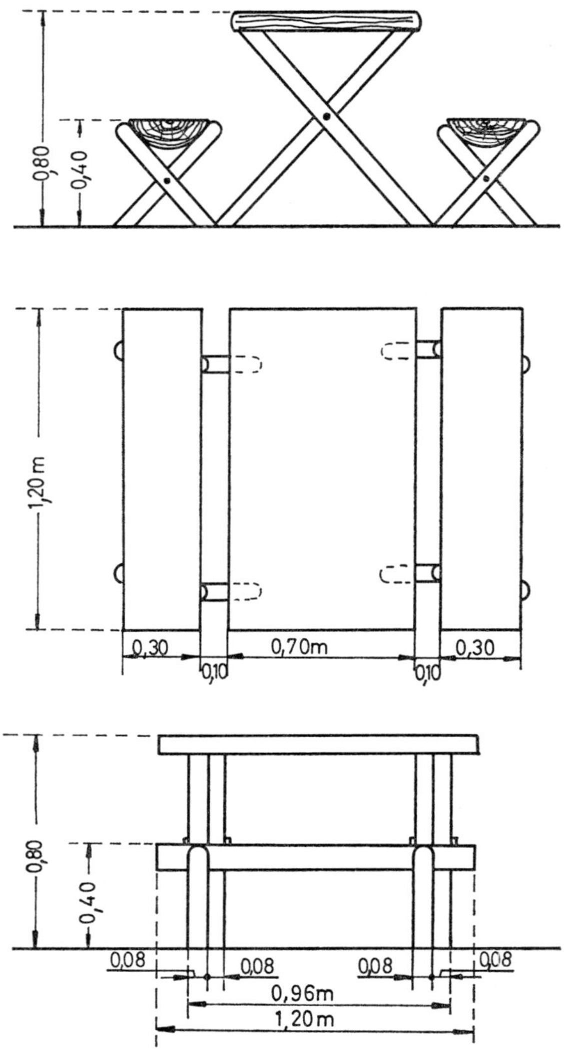

Abb. 2. Tisch und Bänke zum Rasten (nach VICOMTE D'HARCOURT)

5. Natürliche Beschaffenheit
   a. Es muß ein der oder den gehegten Wildarten angepaßtes Biotop haben.
   b. In der Vegetationsperiode muß das Wild genügend natürliches Erhaltungsfutter vorfinden (z. B. Wiesen- und Wildackeräsung).
   c. Der dem Wild zugängliche Grünflächenanteil (Wiesen, Wildäcker) muß mindestens 5 Prozent der Gesamtfläche betragen.

6. Futterstellen und Fütterung
   a. Es müssen genügende, den einzelnen Wildarten angepaßte Futter- und Wasserstellen vorhanden sein.

b. Die räumliche Ausdehnung der einzelnen Futterstellen muß der jeweiligen Wildart entsprechen.

c. Die Fütterung muß in Menge und Qualität den Bedürfnissen der jeweiligen Wildart entsprechen.

Abb. 3. Tisch und Bänke (nach VICOMTE D'HARCOURT)

7. Gesundheitskontrolle des Wildes
   a. Die Gesundheitskontrolle des Wildes unterliegt den veterinärpolizeilichen Bestimmungen.

8. Isolierungsmöglichkeiten
   a. Eine Isolierungsmöglichkeit muß unbedingt dort vorhanden sein, wo Neuanschaffungen von Wild vorgenommen werden, ebenso ist bei Neuerrichtung eines Jagdgeheges eine Isolierungsmöglichkeit zu schaffen. Bestehende Jagdgehege, die keine Neuanschaffung vornehmen, sind ausgenommen.
   b. Die Isolierungsmöglichkeit (z. B. Isolierungsgehege) muß derart gestaltet sein, daß das dort unter Beobachtung oder zur Behandlung stehende Wild nicht in Kontakt mit dem üblichen Wild des Geheges, mit Haustieren und (oder) Besuchern kommen kann. Außerdem muß die für die Isolierung vorgesehene Fläche gut desinfizierbar sein.
   c. Entsprechende Sicherheitsmaßnahmen sind zu beachten.

9. Lebendwildverkauf
   a. Der Jagdgehegebesitzer ist verpflichtet, Herkunftsbestätigungen auszustellen.

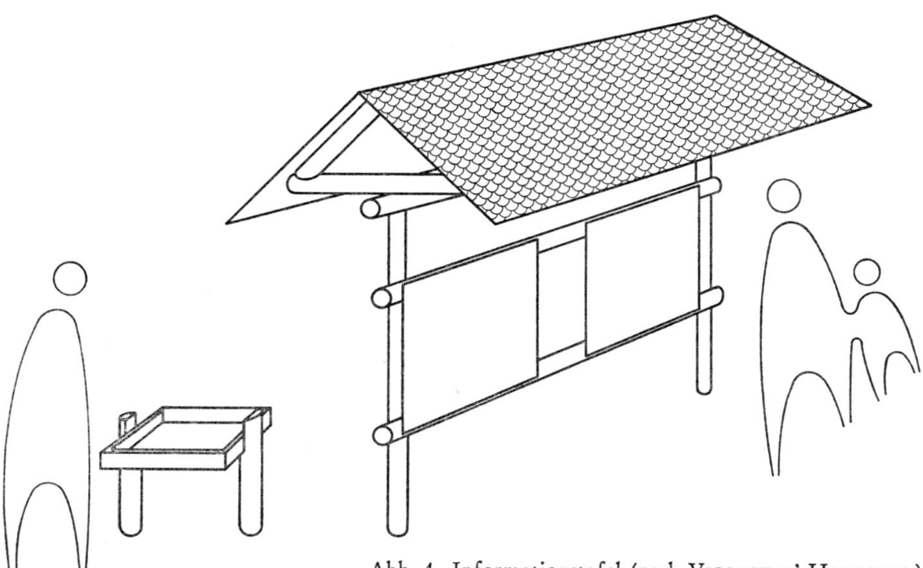

Abb. 4. Informationstafel (nach VICOMTE D' HARCOURT)

b. Grundsätzlich darf nur gesundes Wild abgegeben werden.

10. Tierschutz
Die Bestimmung der jeweiligen Tierschutzgesetze sind bei der Haltung und beim Versand von Lebendwild besonders zu beachten.

11. Touristische Kriterien
a. In Jagdgehegen ohne Besuchsmöglichkeiten (1 a) brauchen keine touristischen Vorkehrungen getroffen zu werden.
b. In den Jagdgehegen mit Besuchsmöglichkeiten (1 b) werden die gleichen touristischen Vorschriften wie für Wildparks für Besucher empfohlen (siehe B 10).

B. Wildpark für Besucher

1. Definition
Ein Wildpark für Besucher ist ein umfriedetes für die Allgemeinheit zugängliches Areal mit Wildgehegen.

2. Zweck
a. Haltung und Zucht von vorwiegend heimischen Wildarten.
b. Haltung und Zucht von vom Aussterben bedrohter Wildarten.
c. Dem Besucher soll Gelegenheit gegeben werden, die unter a und b angeführten Wildarten in möglichst naturgetreuer Umgebung beobachten zu können.

3. Größe
a. Die Gesamtgröße darf 10 ha nicht unterschreiten
b. Mindestgröße der Einzelgehege 2 ha
c. Von der Gesamtfläche dürfen nur 10 Prozent für kleinere Gehege (unter 2 ha) verwendet werden.

4. Beschaffenheit
a. Er muß ein oder den gehaltenen Wildarten angepaßtes Biotop haben.
b. In den Vegetationsperioden muß das Wild mindestens die Hälfte des Erhaltungsfutters vorfinden (ausgenommen Kleingehege).
c. Die Anlagen müssen dem Landschaftsbild angepaßt sein.
d. In den Einzelgehegen muß für eine ausreichende Schutzzone gesorgt sein.

5. Futterstellen und Fütterung
a. Es müssen genügende, den einzelnen Wildarten angepaßte, Futterstellen und Tränken vorhanden sein.
b. Die Fütterung muß in Menge und Qualität den Bedürfnissen der jeweiligen Wildart entsprechen.

6. Gesundheitskontrolle
a. Das gehaltene Wild muß unter tierärztlicher Kontrolle stehen.
b. Alle verendeten Tiere sind von einem Tierarzt untersuchen zu lassen.
c. Über die tierärztlichen Untersuchungen sind Aufzeichnungen zu führen (Gehegebuch). In das Gehegebuch sind alle Vorkommnisse (Todes- und Krankheitsfälle, Zu- und Abgänge) einzutragen.

7. Isolierungsgehege und (oder) Isolierungsstall
a. Ein Isolierungsgehege (-stall) muß vorhanden sein.
b. Ein Isolierungsgehege (-stall) muß so beschaffen sein, daß das beobachtete oder behandelte Wild nicht in Kontakt mit dem übrigen Wild des Geheges, mit Haustieren und (oder) Besuchern kommen kann. Es muß gut desinfizierbar sein.

8. Lebendwildverkauf
   a. Der Wildparkbesitzer ist verpflichtet, bei Abgabe von Lebendwild aus seinem Wildpark eine Herkunftsbestätigung auszustellen.
   b. Grundsätzlich darf nur gesundes Wild abgegeben werden.

9. Tierschutz
   Die Bestimmung der jeweiligen Tierschutzgesetze sind bei der Haltung und beim Versand von Lebendwild besonders zu beachten.

10. Touristische Kriterien
   a. Informationsdienst am Eingang und zwar müssen vorhanden sein:
      Lageplan mit Einzeichnung der Gehege, der Wege, der entsprechenden Wanderzeiten und eventueller anderer Einrichtungen.
      Genaue Angaben über Besuchszeiten und Führungen.
      Genaue Angaben der Eintrittspreise und Preise für Führungen.
      Informationen über Verkehrsverbindungen.
      Deutlich sichtbare Hinweise über verbindliche Verhaltensmaßregeln im Benehmen gegenüber den Tieren.
      Genaue Angaben über das Mitnehmen von Haustieren.
      Informationstafeln über die gehaltenen Tierarten bei den Gehegen oder auf der Lageplantafel beim Eingang oder in einem Prospekt.
   b. Die Zufahrten müssen durch Hinweistafeln unter Berücksichtigung des Landschaftsschutzes gekennzeichnet sein.
   c. Die im Besitz, Pacht oder Instandsetzungspflicht des Wildparkeigentümers oder Pächters befindlichen Zufahrtstraßen sind zu beschildern. Kann der Wildpark nicht direkt mit dem Auto erreicht werden, so sind genaue Hinweise über die Zugangsarten (Fußweg, Sessellift etc.) anzubringen.
   d. Es muß ein der Größe und der Besucherfassungskraft der Anlage angemessener Parkplatz für Pkw und Busse mit Abfallbehältern vorhanden sein.
   e. Im Wildpark müssen gut begehbare, markierte Wege vorhanden sein, sowie Wegweiser bei Weggabelungen.
      Hinweise, falls bei Glatteis und Schneeglätte keine Streuung erfolgt.
      Rastplätze mit Bänken und Tischen müssen in landschaftsgerechter Gestaltung an Aussichtsplätzen vorhanden sein, ebenso auch Abfallbehälter.
      Hygienische, intakte Toilettenanlagen in entsprechender Anzahl und Lage.

C. Zuchtgehege

1. Definition und Zweck
   a. Ein Zuchtgehege ist ein umfriedetes Areal, in dem hochwertiges Wild gezüchtet wird.
   b. Der Zweck ist bei Antragstellung für das Gütezeichen der Kommission ausführlich darzustellen.

2. Gesundheitskontrolle des Wildes
   wie bei B

3. Isolierungsgehege und (oder) Isolierungsstall
   wie bei B

4. Lebendwildverkauf
   wie bei A und B

5. Tierschutz wie bei A und B

D. Allgemeines

1. Das Gütezeichen „fachlich geprüftes österreichisches Wildgehege“ wird von einer Kommission über Kommissionsbeschluß verliehen.
2. Der Kommissionsbeschluß muß einstimmig erfolgen.
3. Die Kommission besteht aus je zwei Vertretern des Vorstandes und des wissenschaftlichen Beirates des Vereins, wobei ein Kommissionsmitglied Tierarzt sein muß.
4. Die Kommissionsmitglieder des Vereins werden vom Vorstand eingesetzt.
5. Die Kommissionsgebühr und der Unkostenbeitrag (Fahrtspesen, Aufenthaltskosten) werden vom Vorstand festgesetzt.
6. Die mit dem Gütezeichen ausgezeichneten Jagdgehege, Wildparks für Besucher und Zuchtgehege unterwerfen sich der Kontrolle der Kommission.
7. Das Gütezeichen kann von der Kommission wieder entzogen werden, wenn
   a. das Jagdgehege, der Wildpark für Besucher oder das Zuchtgehege den Bestimmungen für die Erteilung des Gütezeichens nicht mehr entspricht.
   b. die Bestimmungen für die Erteilung des Gütezeichens nach deren Verleihung gröblich verletzt wurden,
   c. der Gehegebesitzer von der Kommission beanstandete Mängel innerhalb einer eingeräumten Frist nicht beseitigt,
   d. der Kommission die Kontrollmöglichkeit (Begehung des Geheges, Kontrolle der Gehegeeinrichtungen, Einsicht ins Gehegebuch) vom Gehegebesitzer nicht eingeräumt wird.
8. Gegen den Kommissionsbeschluß kann beim Vorstand des Vereins Beschwerde eingelegt werden. Der Vorstand hat über die Beschwerde zu entscheiden und den Beschwerdeführer schriftlich von der Entscheidung in Kenntnis zu setzen.

Allgemeines zur Anlage und Ausstattung von Wildgehegen

Arten der Gehege

Wildgehege haben verschiedene Widmungsarten. Die Begriffsbestimmungen weichen im deutschsprachigen Raum nicht wesentlich voneinander ab.

Jagdgatter

Diese Form des Wildgeheges gehört zu den ältesten. Neben dem Wunsch, zahlen- und artenmäßig besonders dotierte Regionen zur Bejagung zu schaffen, sind auch land- und forstwirtschaftliche und zivilisatorische Gesichtspunkte maßgebend. Die Gestaltung innerhalb der Jagdgatter ist auf die Wildarten abzustimmen, die in ihnen gehalten werden.

Jagdgatter kommen vor als Sauparke, Hirschparke, Damwildgatter oder gemischte Jagdgatter. Das wachsende Mißverhältnis zwischen verfügbarer Jagdfläche und steigender Anzahl der Jäger gibt dieser Gehegeform immer gewichtigere Bedeutung. Auch die Äsungsschäden an empfindlichen Kulturen der Land- und Forstwirtschaft führen zu Jagdgattern, wie auch gegen Schälschäden der im gleichen Kapitel beschriebene Typ des Wintergatters eine erstklassige Lösung zeigt.

Dem Leiter der Jagdgatter obliegt es, besonders scharf darüber zu wachen, daß die Grundregeln der Jagdkunst beachtet werden. Im deutschsprachigen Raum ist eine anständige Jagdausübung unter dem Begriff „Waidgerechtigkeit" bekannt. Ihre Mindestgröße sollte die gesetzlich verankerte Ausdehnung eines Eigenjagdbezirkes nicht unterschreiten.

Die Treibjagden in Sauparken im Winter sind vielleicht ein ebenso großes Erlebnis wie das Waidmannsheil, einen kapitalen Brunfthirsch in einem größeren Hirschpark zu strecken.

Zu einem gut geführten Jagdgatter gehören gute Jagdhunde. Im Hirschpark ist vor allem der Schweißhund am Platz, sei es der Bayerische oder der Hannoveraner.

Wildpark für Besucher

Die Menschen haben ein Anrecht auf Gebiete und Orte, die ihnen das Beobachten der Tierwelt im Landschaftspark ermöglichen. Sie sollen und wollen mit einem Stück Natur zusammenkommen und sich durch dies Erleben erholen. Der erzieherische Wert solcher Landschaftsparke und die Erholung für den Staatsbürger sind unabstreitbar.

In Europa gibt es noch wenige Arten freilebender Großsäugetiere. Der Druck der menschlichen Zivilisation gefährdet die Biotope dieser Tierarten. Muttertiere brauchen Ruhezonen, um ihre Jungen auf die Welt zu bringen und aufzuziehen. Der Fortpflanzungsakt der Großsäugetiere darf nicht durch schaulustige Wanderer gestört werden. Folglich kann der Wildpark für die freilebenden Großsäugetiere einen indirekten Biotopschutz schaffen, dem Naturfreund gleichzeitig in einer gestalteten Landschaft die Vorgänge um das Leben der Wildtiere aufzeigen und dem Lernenden biologisches Wissen vermitteln. Hier kann der Erholungssuchende Wild leichter fotografieren und beobachten als in der freien Wildbahn. Dem Besucher sollen Wanderwege die Schönheiten der Landschaft zeigen, z. B. besondere Waldbilder, Felsen oder Gewässer, und freundlich gehaltene Hinweisschilder leiten das Augenmerk des Besuchers auf all jene Schätze der Heimat und vermitteln das Verständnis für die Umwelt.

Der moderne Automensch nimmt eine Anfahrt bis zu zwei Stunden in Kauf. Wildparke für Besucher sollten daher in einem Abstand von ca. zwei Autostunden voneinander entfernt liegen. Ihre Zulassung durch Behörden stellt eine Funktion der Raumplanung dar.

Oft wird der Wildpark in einen Naturpark eingegliedert. Der herrliche Lainzer Tiergarten und der Naturpark Sparbach in Österreich bewahren z. B. mehr den Waldcharakter als der Park von Woburn Abbey des Herzogs von Bedford in Enland. Letzterer gewinnt wohl vor allem durch den Seltenheitswert der großen Anzahl von verschiedenartigen Hirschfamilien, die dort nebeneinander in einer weiträumigen Parklandschaft auf großen Wiesen leben, ähnlich der offenen Parklandschaft des Königlichen Wildparkes Jaegersborg bei Kopenhagen, die ein Reservat für einheimische Tierarten darstellt. Die erfolgreiche Bewahrung und Wiedereinbürgerung des von Ausrottung bedrohten David-Hirsches *(Elaphus davidianus)* und Damma Mesopotania verdanken wir vornehmlich einigen bedeutenden europäischen Wildgehegen.

Grundsätzlich können in Wildparken für den Besucher, ohne Zaun getrennt, alle

Hirscharten gehalten werden (Rothirsche, Damhirsche, Sika, Davidhirsche, Weißwedel, Sambur, Barasinga, Axis), sofern der Wildpark groß genug ist und das Wild ausweichen kann. Die Pflicht der Gehegeleitung ist es allerdings, gewissenhaft zu prüfen, daß kein mit der Flasche aufgezogenes Exemplar darin gehalten wird. In diesem Fall ist infolge Bösartigkeit ein Durchwandern eines solchen Geheges lebensgefährlich. Grundsätzlich soll ein derartiges Gehege nicht kleiner als 15 Hektar sein und der Wanderweg dem Wild die Möglichkeit einer Fluchtdistanz von 150 bis 200 m offenlassen.

Boviden (Auerochsen, Wisente, Bison, Zebu, Wattussirind, Steppenrind, englisches Parkrind, schottisches Hochlandrind) müssen durch Zäune von den Besuchern abgetrennt werden. Ebenso Wildschweine und Wildpferde.

Die Besucher haben mit gutem Recht den Anspruch, in einer natütlichen Umgebung jene Tiere zu sehen, welche in der umgebenden Landschaft leben. Der Besucher soll beim sinnvollen Wandern durch den Wildpark das Wild erleben können, ohne diesem Angst einzuflößen, oder es in Schreck- oder Erregungszustände zu versetzen. Dem Ermessen des Tieres soll es obliegen, ob es freiwillig die Schwelle der Fluchtdistanz durchbricht und nahe an den Betrachter heranzieht oder ihm ausweicht. Bleibt diese Möglichkeit nicht der freien Wahl des Wildes anheimgestellt, beginnt die Tierquälerei. Die Würde des Wildtieres geht verloren. Für den Besucher-Wildpark ist es wesentlich, große Grünlandflächen und nur geringe Waldbedeckung zu bieten. Der Hauptzweck dieser Waldteile ist der Schutz gegen Sonne und Wetter. Schluchten und Bodenfalten sind als Windschutz im Wildpark sehr vorteilhaft. Hier kann sich das Wild bei verschiedenen Windrichtungen einstellen.

Für Photographen sollten ausgesuchte Plätze verfügbar sein, von denen aus Bilder geschossen werden können. Abseits der Wege herumschleichende Photojäger bringen sich und das Wild selbst sonst in Gefahr.

Papierkörbe und Sitzbänke empfindet der Besucher genauso dankbar wie Schutzhütten.

Die Möglichkeit zum Füttern des Wildes durch den Besucher muß, wenn überhaupt, sinnvoll geschaffen werden. Durch Gleitrinnen können die Futterspenden des Publikums in Tröge gelangen. Geeignetes Futter muß der Wildpark stellen, und Plakate sollen darauf hinweisen, daß selbst mitgebrachte Futtermittel abzuliefern sind. Falsche Futtermittel können zum Wildtod führen. Der besonders tragische Fall im Wildgehege Kronberg sei in Erinnerung gerufen. Das bis 1965 einzige in Gefangenschaft vorhandene Exemplar des fast ausgestorbenen mesopotanischen Damhirsches wurde durch Füttern mit nicht geeigneten Futtermitteln durch das Publikum getötet. Füttern soll nur in jenen Anlagen erlaubt werden, die nicht von Besuchern durchwandert werden.

Parkplätze und günstige An- und Abwege und WC-Einrichtungen sollten weitsichtig eingeplant werden. Regie und Risiko all dieser Anlagen rechtfertigen die Erhebung von Eintrittsgeldern.

Grundsätzlich sollten Wildparke für Besucher zwischen 10 und 80 Hektar und größer sein.

Gehege aus Liebhaberei

Diese Gehege können in jeder Art und Größe vorkommen und sind meistens Eigentum von reinen Tierfreunden. Sehr oft entstehen sie aus Zufällen, weil z. B. Rehkitze oder Wildkälber aufgenommen und mit der Flasche aufgezogen wurden. So besonders attraktiv dieser Liebling aller Tierfreunde ist, so heikel ist seine Haltung. Der Befall mit Parasiten bei Rehen und ihre Aggressivität bleiben ein Problem.

Bei Gehegegrößen unter 50 ha sollten Rehe nur auf Sand oder Waldboden gehalten und durch Kunstfutter ernährt werden. Etwa 400 g Kraftfutter pro Reh und Tag, und Heu in Raufen verabreicht, erhält sie durch Jahre gesund. Es ist dabei sehr interessant festzustellen, daß Böcke in solchen Gehegen meist kapitale Trophäen schieben. Der Futterplatz muß besonders sauber gehalten werden, Heureste dürfen wegen der Verschmutzung durch Nässen und Losung nicht herumliegen.

Wie schon der Name besagt, ist bei dieser Gehegehaltung die individuelle Einstellung zu einer Tierart oder bestimmten Tiergruppe maßgebend. Die große Gefahr, aus Vermenschlichungskomplexen Tiere unsachgemäßer Haltungsweise auszusetzen, liegt vor.

Für Zwecke der Wissenschaft stellen Wildgehege ideale Forschungseinrichtungen dar. Spezielle Versuche lassen sich in Sondergehegen anstellen (Brüggemann, 7).

Bei der Zusammenfassung der Wildgehegebesitzer zu Fachvereinen in den einzelnen Ländern hat es sich als vorteilhaft erwiesen, einen Wissenschaftlichen Beirat zu bilden. In diesem sind Wissenschaftler der verschiedensten Fachrichtungen vertreten. Für die Wildforschung ist diese Zusammenarbeit, die auch im Internationalen Jagdrat (CIC) verankert ist, schon jetzt eine sehr gedeihliche.

Zucht- und Versuchsgehege

Diese Gehege sollten ebenfalls in besonders enger Zusammenarbeit mit Universitäten oder jagdlichen Instituten stehen, um größtmöglichste Erkenntnisse zu gewinnen. Einbürgerungen von Neuwild wird von ihnen aus durchgeführt.

Neuwild sind jene zum Aussetzen bestimmten Tiere, deren Art zunächst im Gehege gehalten werden muß. Entweder sollen deren genetische Eigenschaften zur Verbesserung einer vorhandenen Art auch in der freien Wildbahn dienen oder zur Begründung eines neuen Wildstandes.

Ein Wert solcher Gehege hängt sehr vom Wissen und Fachkönnen seines Besitzers und der Zweckbestimmung ab. Vielerorts ist die Qualität gerade der Rothirsche erheblich abgesunken. Man bedenke, wie langwierig der Weg zeitlich währt, nur über „Hege mit der Büchse" Zuchthirsche zu begünstigen. Baron Mayr-Melnhof, Landesjägermeister von Steiermark, brauchte mit der „Hegegemeinschaft Wildfeld" 35 Jahre, bis gute Resultate (sehr kleiner Prozentsatz an Abschußhirschen) erzielt wurden.

Daher das verständliche Verlangen, genetisch wertvolles Wild in die freie Wildbahn auszusetzen. Die Kenntnis der sozialen Exklusivität des Rotwildes warnt davor, Einzelindividuen in fremde Rudel zu verbringen. Der rechnende Betrachter wird rasch die geringe Chance dieses Weges erkennen, da eine kleine Gruppe genetisch noch so gut veranlagten Wildes sich rasch innerhalb einer größeren Stückzahl vorhandenen Wildes verliert. Genetisch wertvolles Neuwild sollte nie in unter 60 Stück starken Anfangsgruppen freigelassen werden. Da solche Mengen praktisch kaum erhältlich und teuer sind, empfiehlt sich die Anlage von ca. 20 ha großen Zuchtgehegen. Hier kann man einen Hirsch bester genetischer Anlage und 6 bis 10 Tiere halten. Aus dieser Anfangsgruppe lassen sich in wenigen Jahren die gewünschten Stückzahlen züchten, wobei die In- und Inzestzucht sich erfahrungsgemäß bei den Cerviden positiv auswirkt.

Sodann wird der bodenständige Wildstand außerhalb des Geheges durch Abschuß verdünnt. Das Neuwild kann ausgelassen werden, wobei das Zuchtgehege für die Winterfütterung beibehalten und zukünftig als Wintergatter behandelt wird. Das ist die schnellste und auch billigste Methode, kapitales Wild einzubürgern. In genetisch durchgezüchteten Beständen gibt es praktisch keine Abschußhirsche.

Wir erkannten, daß es der Zahl nach nur bedingte Haltungsmöglichkeiten von Rotwild in der modernen Kulturlandschaft gibt. Man spricht von 2 bis 3,5 Stück Rotwild auf 100 ha als tragbare Dichte für einen forstlich gut gehaltenen Wirtschaftswald. Deshalb sollte man trachten, die vorhandenen Bestände genetisch in Ordnung zu bringen, um die vertretbare Wilddichte zu optimieren.

Wintergatter

Die Schälschäden des Wildes bedeuten in der Forstwirtschaft ein immer neuralgischer werdendes Problem. Der Verbiß an Kulturen kann leicht durch Behandlung mit chemischen Mitteln verhindert werden. Der gravierende Forstschaden entsteht durch Schälen. Normalerweise tritt dies in den Wintermonaten Januar bis März auf. Auch in den ersten Frühjahrstagen wird Schälen beobachtet, wenn der neue Saftstrom in die Bäume eintritt. Bislang konnte keine befriedigende Antwort zu dem Problem der Schälschadenverhütung angeboten werden, wenngleich sich Forschungsgehege wie Wildpark Eekholt u. a. um Lösungen bemühen.

Die Erkenntnis der sozialen Struktur beim Rotwild zeigt, daß dieses sich außerhalb der Brunft- und Setzzeit gern in Rudeln sammelt, wobei es Gruppen nach Alter, Geschlecht und Familienverbände, ausgerichtet auf ein Alt- oder Muttertier, bildet.

Die Winteräsungsbasis im heutigen Zentraleuropa ist durch Gesetz oder freiwillige Leistung meistens auf künstliche Fütterung eingestellt. Das bedeutet Konzentration der erwähnten Gruppen des Rotwildes geographisch um das Areal der Fütterungen oder Wildäcker. Die Lokalbewegung dieser Rotwildrudel von den Äsungseinständen oder Fütterungseinständen ist eine äußerst geringe. Sie erfordert Energie, und jeder Energieaufwand verbraucht Kalorien. In äsungsarmen Zeiten setzen sich die Wildtiere daher keinen unnötigen Lokomotionen aus. Es ist bekannt, daß in diesen Gebieten, in welchen sich das Rotwild oft auch abwartend aufhält, bis der zeitliche Punkt gekommen ist, um zur Äsungsaufnahme zu ziehen, der Schaden durch die Schäle eine gravierende Rolle innerhalb der Forstwirtschaft spielen kann. In der klaren Erkenntnis, daß es gegenwärtig unmöglich ist, durch Futtergaben oder andere Maßnahmen die Schälschäden zu vermindern oder gar zu verhindern, wird für die gefährdete Zeit eine mechanische Maßnahme ergriffen.

Die Ruhe- und Rastplätze des Rotwildes und jene der Nahrungsaufnahme werden auf ein gewisses Mindestmaß durch Einzäunung beschränkt, mit jener Zielsetzung, daß man das Rotwild in den genannten Zeiträumen ausschließlich auf die Winteräsungsplätze und Ruheplätze lokalisiert. Bei den Versuchen wurde anfänglich ein Gelände im Ausmaß von 50 ha für 100 Stück Rotwild gewählt. Es zeigte sich, daß bei diesem Flächenausmaß das Wild nicht einmal den gesamten Raum besiedelte, sondern sich den klimatischen Umständen entsprechend in ihm angenehm erscheinenden Waldorten aufhielt.

Deshalb wurde bei dem nächsten Versuch eine Wildgruppe etwa gleich großer Art in einem Waldort von etwa 20 ha angehalten. Auch dieser Versuch zeigte, daß nur eine 80prozentige Besiedlung des Grundausmaßes stattfand, weshalb zu einem extremen Versuch geschritten wurde und 30 Stück Rotwild auf 2,5 ha gehalten wurden.

Auch bei diesem kleinen Grundausmaß konnte beobachtet werden, was man auf alle *Wintergatter,* wie das System genannt wird, ausdehnen kann, daß jenes Wild, welches einmal Einstand in einem Wintergatter genommen hat, in den Folgewintern gern dorthin zurückkehrt. Die Hirsche bleiben oft schon im Oktober im Gatter stehen, obgleich die Tore geöffnet sind.

Nach all diesen sorgfältigen Versuchen wird empfohlen, das Flächenausmaß eines

Wintergatters auf etwa 10 Hektar für eine Gruppe von etwa 50 Stück Rotwild zu bemessen. Es hat sich bei dem zuerst geschilderten Versuch gezeigt, daß im Frühjahr oder Frühsommer einige Kälber auf die Welt kamen, die blind waren. Nach sorgfältiger Prüfung der Dinge stellte man fest, daß es sich um eine Avitaminose handelte. Der Anteil von Wiesen in diesen Wintergattern sollte deshalb in etwa 60 Prozent betragen, damit das Wild im beginnenden Frühjahr genügend Frischäsung findet. Seit Anwendung dieser Methode wurde bei Kälbern keine Blindheit durch Avitaminose mehr beobachtet.

Bei der Auswahl des Geländes für ein solches Wintergatter möge man beachten, daß keine Wege durch das Gatter führen und überhaupt das oberste Gebot herrscht: RUHE! Es sollen dem Wild in den Wintergattern gleichsam Oasen der Ruhe geschaffen werden. Erkennbar ist die dankbare Annahme dieser Maßnahme seitens des Wildtieres daran, daß es – wie schon oben geschildert – freiwillig jeden Herbst in das Wintergatter zurückkehrt.

Es sollte ausreichend Wasser vorhanden sein und die Geländestruktur dem Wild bei jeder Windanblasrichtung genügend Ausweichgelände zur Deckung bieten.

Der Standort, in welchem sich dieses Schutzgehege befindet, ist aus der forstlichen Bewirtschaftung auszuklammern. Gefährdete Bäume in den Wintergattern muß man durch mechanische Schutzmaßnahmen schützen, weil ihre mögliche Beschädigung zum Absterben des Bewuchses führt und so der Schatten und Windschutz der Bäume verschwindet. Für diese mechanischen Maßnahmen ist das Anbringen von Nylonsäcken mittels Büroklammern eine Methode, die am ökonomischsten erschien, da man sie nur alle 3 Jahre zu erneuern braucht. Mit Erfolg wurden auch Schattendecken, wie sie in Pflanzgärten Verwendung finden, angebracht. Jedoch sind bei dieser Methode die Kosten etwa zehnmal höher gegenüber den Nylonsäcken. Rinden hobeln hilft bedingt und Einbindeverfahren (Sanpackwickel etc.) erweisen sich chemischen Verfahren überlegen. Als ökonomischste, geometrischste Form für das Wintergatter ist bezüglich der Zaunlänge der Kreis zu wählen. Bekanntlich hat der Kreis den größten Flächeninhalt beim geringsten Umfang. Natürlich muß sich die geometrische Form des Gatters auch nach den Gegebenheiten der Natur richten.

Es ist erforderlich, daß die verschiedenen Gruppen der Rotwildbevölkerung nicht gleichzeitig zum Futterplatz treten. Es kann somit geschehen, daß nach Schließen des Wintergatters sich noch Rotwild außerhalb befindet. Wartet man mit dem Schließen des Wintergatters zu lange, so gibt es unangenehme Schälfolgen in der freien Wildbahn. Um diesem Problem gerecht zu werden, wird eine Untergatterung geschaffen, „Das Vorgatter". Durch diese Einrichtung ist es möglich, die Wildtiere noch an der Fütterung zu sammeln, wenn das eigentliche Gatter – das Hauptgatter – bereits geschlossen wurde. Das Rotwild wird in das Vorgatter hineingefüttert, dort angehalten und in das Hauptgatter hinübergelassen.

Ein Gebiet von 500 bis 1000 ha Wirtschaftswald ist mit einem Rotwild-Wintergatter zu schützen. Es erscheint erforderlich, daß gewisse Individuen, die nicht in das Gatter einziehen wollen, ohne Rücksicht auf deren Qualität abzuschießen sind, und daß die Population des Revieres aus dem wintergattertreuen Wild aufgebaut wird.

Ein wesentlicher Punkt ist die Gatterhygiene. Bei diesem geschilderten System besteht die Möglichkeit, den gesamten Rotwildbestand zu entwurmen. Man führe 3 Wochen nach dem Einsperren und 14 Tage vor dem Öffnen des Gatters eine Wurmkur durch.

In Österreich gibt es derzeit 26 Wintergatter, die eine Fläche von fast 60 000 ha Wirtschaftswald absolut schälschadenfrei halten. Bei der Verwendung von richtigem Material ist für eine Gattereinheit eine Lebensdauer von 25 Jahren anzusetzen. Nach diesem Zeitraum werden Reparaturen und ähnliches nicht ausbleiben. Man berechnet derzeit in Österreich die Zaunbaukosten mit etwa 60 000,– S pro km, eine Zahl, die die Sozialabgaben für die Arbeiter, das Material und anfällige kleinere Objekte beinhaltet.

Naturgemäß bleiben die Abwurfstangen im Gatter. Es sollen aber nicht Suchen nach diesen veranstaltet werden, solange das Wild noch im Gatter steht, da dieses sonst zu stark beunruhigt werden würde.

Das Zaunmaterial soll so engmaschig gewählt werden, daß keine Hunde in das Gatter eindringen können und das massiert stehende Wild jagen. Gatterwild (vor allem Rotwild) zeigt sich gegenüber Hunden sehr offensiv, jedoch aus der freien Wildbahn in Wintergatter gewechseltes Wild ist Hunden gegenüber sehr scheu. Jegliche Störung und Beunruhigung des Wildes muß peinlich vermieden werden.

Kapitel 5 Gehegeanlagen

Die wesentliche Grundregel für jedes Wildgehege ist eine richtige Einteilung des Verhältnisses Äsungsfläche zum Wildstand! In der freien Wildbahn zeigt die Beobachtung, daß die Wildarten gewisse Bezirke besiedeln und gegen Artgenossen verteidigen. Bei der Auswahl solcher Gebiete für die verschiedenen Tierarten muß vieles bedacht werden. Ein Herumwechseln zum Zwecke des Äsens, Suhlens, Schöpfens, Ruhens – Fliegen durch den Wind abblasen lassen – wärmeren oder kühleren Einstand finden – einer Windanblasrichtung ausweichen –, all das gilt es für das Gehegewild zu ermöglichen.

Das Wild im Gehege begreift sehr bald, innerhalb dieser abgegrenzten Welt seine Einteilung zu treffen. Der Lebensrhythmus der Tiere läuft nach bestimmten Naturgesetzen, die erkannt und bedacht werden müssen. Die feine Zone im Dasein zwischen einer harmonischen und einer unter Streß-Wirkung stehenden Lebensweise muß beobachtet werden. Es ist die Aufgabe der für den Lebensraum im Wildgehege Verantwortlichen, dem Wild günstigste Lebensbedingungen zu bieten. Es werden in den Wildgehegen Zonen gebildet zum Schutz und zur Erhaltung der Wildtiere und darüber hinaus der vom Aussterben bedrohten Tierarten, die möglicherweise nicht dem heimischen Faunenkreis zugerechnet werden. Es ist wichtig zu beachten, daß die Tierarten nach Tunlichkeit in einem ihnen zusagenden Klima gehalten werden. Die Tierhaltung in einem Wildpark darf nie Tierqualen hervorrufen. Ein auskömmliches Maß an Ernährung und bestimmten Umweltbedingungen sind notwendig.

Hierbei ist zu bedenken, daß die Natur in ihrem gewaltigen Haushalt unterschiedliche Tierarten hinsichtlich der Aufnahme von Futterpflanzen und der Verwendbarkeit ihrer Nährstoffe schuf. Die verschiedenen Wesensarten einzelner Tierarten zeigen einen sehr unterschiedlichen Lebensrhythmus und lassen sie unterschiedliche Ansprüche an ihre Umgebung stellen.

Sorgfältige Planung ist notwendig. Hierbei ist die Ernährungsmöglichkeit als erstes zu bedenken. Der normale Lebensrhythmus läuft im Wechsel zwischen Nahrungsaufnahme und Ruhen ab. Es muß also bedacht werden, daß Äsung jederzeit ausgiebig genug vorhanden ist, um für die entsprechende Wildart den Bedarf hieran erfüllen zu können. Jede Wildart bevorzugt unterschiedliche Äsungspflanzen. Deshalb ist es immer tunlich, mehrere Wildarten in einem Wildgehege zu halten. Bei der Berechnung, wieviel Wild die vorhandenen Äsungsflächen ernähren können, kann mit GV-Einheiten operiert werden (1 GV-Einheit = 500 kg). Um das Lebendgewicht des

Sika, Wildpark Eekholt.
Phot. H.-H. Hatlapa

Tarpan, Wildpark Altenfelden.
Phot. Prinz Reuß

Schottisches Hochlandrind, Wildpark Mautern.
Phot. A. Rastl

Auerochse, Wildpark Altenfelden.
Phot. A. Rastl

TAFEL 4

Schwarzwild, Wi
park Eekholt.
Phot. H.-H. Hatla

Bachstelze bei Ins
tensuche auf B
geweih, Wildpark
Mautern.
Phot. Prinz Reuß

Wildes zu schätzen, werden ca. 30 Prozent zum Wildbretverkaufsgewicht hinzugerechnet. Durchschnittlich ernährt 1 ha Wiese eine GV-Einheit. In etwa kommen 3 bis 4 Stück Rotwild auf eine GV-Einheit. Die Wiesenflächen brauchen eine ordnungsgemäße Düngung nach dem gleichen Düngungsplan, wie man landwirtschaftliche Flächen düngt. Bei dem klassischen 4-Jahre-Düngungsplan für Grünland erfolgt 3 Jahre eine Gabe verschiedener Kunstdünger als Mineraldünger und ein Jahr Mistgabe als Humusdünger, welche bei den Wildgehegen durch die Losung kompensiert wird. In besonders hängigem Gelände trifft dies nicht ganz zu, weil bei den durch die Tritte des Wildes sehr verdichteten Böden das Schmelz- und Regenwasser die Losung oft abschwemmt. Soweit es das Gelände erlaubt, sind daher Wieseneggen einzusetzen.

Wiesenflächen, die zur Gras- und Heugewinnung herangezogen werden sollen, können mittels Elektrozaun vor dem Rotwild geschützt werden. Es muß aber beachtet werden, daß Dam- und Schwarzwild den Zaun nicht respektiert. Schwarzwild braucht für seine Ernährung grundsätzlich Grünfutter, das es wie eine Kuh abäst. Es ist ein Grundfehler der meisten Sauparke, daß hierauf keine Rücksicht genommen wird. Mit den sehr feinen Riechorganen nimmt das Schwarzwild jeden Wurm wahr, der sich im Erdreich befindet und versucht, ihn auszugraben. Wir nennen dies „Brechen" und kennen die vielen hierbei zerstörten Felder und Wiesen aus der Praxis! Geeignete Düngung und häufiges Walzen der Wiesen (siehe Kapitel 11) mag hiergegen ein Mittel sein. Von Sauen umgebrochene Wiesen müssen eingeeggt und neu eingesät werden. In Gegenden mit sehr milden Wintern bewährt es sich, durch feldmäßigen Anbau dem Wild natürliche Äsung zu schaffen. Die natürliche Äsungsweise spart Fütterungskosten und bringt für das Wild wichtige Nährstoffe einschließlich der Vitamine mit sich. Kräftige Gaben an Mineralstoffen, wie z. B. phosphorsaurem Futterkalk und Kernsalz, sowie ausreichendes Wasser, sichern das Wohlbefinden des Wildes. Während Schwarzwild nur suhlt – fallweise tiefere Wasser gern durchrinnt – liebt das Rotwild im Sommer das Wasser außerordentlich und steht gern bis zum Haupt darin.

In der vegetationstoten Zeit muß in einem Wildgehege ausgiebig Futter verabfolgt werden (siehe auch Kapitel 8 und 9).

Die Gewohnheit, nach dem Äsen (Grasen) sich für das Wiederkauen niederzutun, wird begünstigt, wenn Baumgruppen die Wiesenflächen unterbrechen. Als Raumflüchter zeigen die meisten unserer Wildtiere erst dann eine nicht unter Angstwirkung stehende Lebensweise, wenn die Fluchtdistanz ausreicht.

Die Massierung des Wildes an bestimmten Stellen ist vom Standpunkt der Wildgehegehygiene aus ungünstig.

Es ist sehr wesentlich, daß die Leitung eines jeden Wildgeheges eine ständige Zusammenarbeit mit einem Veterinär sicherstellt. Die Zusammenarbeit mit den einschlägigen Fachwissenschaftlern innerhalb der wissenschaftlichen Beiräte der Arbeitskreise oder Vereine der Wildgehegebesitzer in den einzelnen Ländern wird interessierten lokalen Veterinären die Wege für diese speziellen Fragen der Wildgehegehygiene weisen. Allenfalls ist Verbindung mit dem nächsten Zootierarzt aufzunehmen.

Das Gelände in den Wildgehegen soll keine Sumpfwiesen enthalten, da diese manchen Parasitenarten oder deren Zwischenwirten günstige Lebensbedingungen bieten. Deshalb sollen auch die Ufer der notwendigen Teiche oder Seen trocken gehalten werden. Die Ufer sollen nicht zu flach verlaufen. Versumpfte Stellen müssen beseitigt werden. Die Haltung von Enten oder Stelzvögeln erweist sich als zweckmäßig, desgleichen Kleinvogelschutz durch Aufhängen von Nistkästen, da sie die Zwischenwirtsschnecken vertilgen.

Wenn ein Gehege zugleich als Wildpark für Besucher verwendet werden soll, ist darauf zu achten, daß das Publikum zur gleichen Stunde bestimmte Wege geht. ein regelmäßiger Tagesrhythmus ist im Gehege notwendig. Der dem Wild bekannte Störungsfaktor — gleich ob Schuß, Auto oder Mensch — in einer gewissen Regelmäßigkeit auftretend – ist nervlich weit weniger von Schaden für das Wild als ein etwa lautlos herumschleichender Mensch, z. B. ein Fotograf, der die Tiere plötzlich aus ihrer Ruhe aufschreckt.

Es ist sogleich bei der Anlage eines Waldgeheges zu bedenken, welchem Zwecke es gewidmet sein soll. Jede wesentliche Veränderung innerhalb eines bestehenden Gatters bedeutet für dessen Wildbestand eine starke Streßbelastung. Deshalb soll der Planung größte Sorgfalt zugewendet werden. Für das Wild muß das eben geschilderte Minimum an Gegebenheiten vorhanden sein.

Es ist zu bedenken, daß Bejagung oder Besichtigung meistens die Ziele der Gehegebewirtschaftung sind. Hierbei kommt es wesentlich auf die Wildarten an. Der Rothirsch brunftet – wenn Ruhe herrscht – gern auf großen Wiesen mit Baumgruppen. Der Damhirsch bevorzugt raumes Stangenholz. Hier empiehlt es sich, für alle Windrichtungen bedacht, von Anfang an Pirschwege anzulegen, die in Schirmen enden, von wo aus man die Brunftrudel sehen kann. Schwarzwild bietet den meisten Anreiz zur Bejagung im Spätherbst und Winter bei Treibjagden. Das erfordert wiederum genügend Deckungsflächen für die Stände der Schützen. Bei einem gemischt besetzten größeren Wildgehege muß natürlich eine Bewirtschaftung durch Lebendfang oder Abschuß erfolgen. Die Möglichkeit beider Nutzungsarten sollte von vornherein eingeplant sein, damit das Wild bei der Bewirtschaftung nicht neuerlichen Nervenbelastungen ausgesetzt wird. Einzelne Trophäenträger in der Brunftzeit im Pirschgang, Ansitz oder beim Pirschfahren zu strecken, bedeutet keine wesentliche Störung. Nervlich schlecht wirkt sich nur ein alltägliches Herumschießen im Wildgehege auf das Wild aus. Also sollte man die Bestandsregulierung auf wenige Tage durch Abschuß oder Fang beschränken.

Welche Tierarten eignen sich für die Gehegehaltung?

Auerochse *(Bos primigenius)* Ausgestorbene, sogenannte Rückzüchtung

Lebensweise: Sie leben in kleinen Herden, die aus einem Bullen, mehreren Kühen und den Kälbern bestehen. Fallweise Haltung von zwei Bullen möglich. Paarungszeit: August/September, Tragzeit: rund 9 Monate, erreichbares Lebensalter: ca. 20 Jahre. Herkunft beachten.

Axishirsch *(Axis axis)*

Lebensweise: Grasige Waldlichtungen, schattige Gewässer und Wiesen. Paarungszeit: Die Brunftzeiten sind unregelmäßig, daher können nur solche Exemplare gehalten werden, welche im September/Oktober brunften. Tragzeit: 7 bis $7^1/_2$ Monate, Lebensalter: 12 bis 15 Jahre.

Alpensteinbock *(Capra ibex ibex)*

Lebensweise: Gebirgslagen zwischen oberer Waldgrenze und ewigem Schnee und sonnenseitige Hänge, daher nicht für Gehegehaltung in der Ebene geeignet. Benötigt Höhlen für Windschutz und Felsenpartien. Geisen, Kitze und Jungböcke leben in gemeinsamen Rudeln. Ältere Böcke bilden außer der Brunftzeit eigene Rudel. Paarungszeit: Dezember/Januar, Tragzeit: 150–180 Tage, Lebensalter: ca. 14 Jahre.

Davidshirsch *(Elaphus davidianus)* Fast ausgestorben

Lebensweise: Bilden Großrudel, bevorzugen größere Wiesenflächen mit Wasseranteil. Paarungszeit: Juni bis Juli, Tragzeit: 250 bis 270 Tage, Lebensalter: 18 bis 20 Jahre. Bemerkung: Ältere Hirsche können sehr unverträglich sein. Kälbersetzzeit April.

Bären *(Ursus arctos)*

Lebensweise: Nur ein Männchen sollte mit mehreren Weibchen gehalten werden. Paarungszeit: Juni, Tragzeit: 7 Monate. In der Regel halten die Ursidae Winterschlaf. Daher muß das Gehege hierfür gute Möglichkeiten bieten und geeignet sein, ein Untergraben, Übersteigen oder Zerbrechen der Umhegung zu verhindern. Der anatomische Bau der Bärentatze ist vorzüglich geeignet jegliche Umfriedung zu strapazieren. Zurateziehen von Fachleuten ist dringend angezeigt.

Barasingha *(Cervus duvauceli)* Vom Aussterben bedroht!

Lebensweise: Sumpfiges Gelände, Laubwald mit Wiesenlichtungen. Geschlechtsgetrennte soziale Gruppen bis auf die Brunftzeit. Paarungszeit: Wie bei allen tropischen Hirschen unregelmäßig, daher soll dieser Hirsch nur in sehr milden Klimata gehalten werden. Tragzeit: 250 Tage, Alter bis zu 20 Jahren.

Damhirsch *(Dama dama)*

Lebensweise: Mischwaldreiche Parklandschaft, Teilung der sozialen Gruppen in männliche, wobei bei größerer Stückzahl Altersgruppen gebildet werden, und weibliche, wobei Mutter-Kind-Verbände als Zelle dienen. Alle Farbvarianten bekannt: Wildfarben mit Fleckung und Triangel und einfarbig schwarz, weiß, porzellan, blau, sandfarben, in England auch Langhaarige. Paarungszeit: Mitte bis Ende Oktober, Tragzeit: 230 bis 246 Tage, Alter bis zu 20 Jahren, 12 Lebensjahre bis zum Höhepunkt der Geweihentwicklung.

Bison *(Bos bison)*

Lebensweise: Sehr gesellig, mehrere Bullen können neben einigen Kühen gehalten werden, offenes Wiesengelände mit Schattenmöglichkeiten, Paarungszeit: August/September, Tragzeit: 9 Monate. Mit ca. 9 Jahren sind die Bullen voll ausgewachsen, Lebensdauer: ca. 15 bis 20 Jahre. Massive Umzäunung angezeigt.

Edelhirsch *(Cervus elaphus)*

Lebensweise: Soziale Gruppen nach Art und Geschlecht getrennt, Zusammenschluß von Familiengruppen – Mutter, vorjähriges Kalb, diesjähriges Kalb – zu großen Äsungsgemeinschaften kommt häufig vor. Paarungszeit: je nach Unterart von Anfang September bis Ende Oktober. Von Ost- nach Westeuropa werden die Unterarten kleiner, die Paarungszeiten später. Tragzeit: 225 bis 246 Tage, Höchstalter: ca. 22 Jahre, höchste Geweihentwicklung mit 12 bis 14 Jahren.

Bevorzugt in Gehegen große Wiesen mit viel Wasseranteil, mit trockenen Ufern, Schatten-Baumgruppen, möglichst aus Laubholz, Geländewellen gegen Zugluft. Aus östlichen Vorkommen sind mehr bösartige Individuen bei Wildgehegehaltung bekannt als von westlichen Vorkommen.

Elch *(Alces alces alces)*

Lebensweise: Elch tritt nie in starken Rudeln auf, lebt einzeln, oder Tier und Hirsch (1:1). Paarungszeit: September, Tragzeit: 35 bis 38 Wochen. Gefährlich bei Gehegehaltung, daher unbedingt *Fachmann* zu Rate ziehen, schwer in der Fütterung und sehr empfindlich gegenüber Parasitenbefall. Sollten nur von erfahrenen Gehegehaltern verwendet werden!

Gams *(Rupicapra rupicapra)*

Gesellige Tiere, jedoch ist in Gehegen mit der Haltung von Böcken vorsichtig umzugehen, da diese leicht die Weibchen und andere Böcke mit den Spitzen ihrer Krucken aufspießen (hackeln). Sichtunterbrechungen und Ausweichmöglichkeiten bei möglichst steinigem Grund sind unerläßlich. Paarungszeit: November, Tragzeit: 6 Monate. Empfindlich in der Fütterung, sollte nicht in der Ebene mit feuchtem Klima gehalten werden. Alter bis zu 20 Jahren. Für Gesellschaftsgehege nicht geeignet.

Guanako *(Lama guanicoe)*

Lebensweise: Liebt trockene Gegenden, Grassteppen und Halbwüsten, erträgt niedrige Temperaturen ebensogut wie hohe. Lebt in kleinen Gruppen, die von einem Hengst geführt werden. Paarungszeit: November bis Februar, Tragzeit: 11 Monate, Alter bis zu 20 Jahren.

Mufflon *(Orvis ammon musimon)*

werden seit der Zeit der Kaiserin Maria Theresia auf dem Kontinent in Wildgehegen gehalten. Die Schnecken der Widder müssen bei weiter Auslage gleichmäßige Halbbögen bilden. Widder mit ungleichen, engen Biegungen der Schnecken sind sofort zu entfernen. Genetisch selektierte Bestände bilden kapitale Trophäen. Das Reifealter der Widder liegt entgegen viel verbreiteter irriger Auffassung bei 10 Lebensjahren. Besonders scharf ist beim Mufflon auf den Gesundheitszustand zu achten, da dies Wild oft von Parasiten befallen wird. Die Schafe setzen März/April, es kommen auch Mailämmer vor. Bei hohen Schneelagen gehen die frühgesetzten Lämmer oft ein. Auch Schwarzwild sieht eine besondere Delikatesse in Mufflonlämmern. Hierdurch entsteht oft das Bild eines sehr geringen Zuwachses. Jedoch setzt in der Regel jedes Schaf jedes Jahr ein Lamm, öfter Zwillinge. In sehr günstigen Biotopen ist es bekannt, daß mit 7 Monaten das weibliche Lamm schon brunftet. Büsche und Laubäsung sind neben Wiesenäsung notwendig. Brunft: Oktober—November, Tragzeit: 150—180 Tage.

Schottisches Hochlandrind

Lebensweise: Graser, der jedes Klima gut verträgt. In Gruppen beiderlei Geschlechts haltbar auf nicht zu gailen Weideflächen mit geringem Baumbestand und genügendem Wasservorkommen. Paarungszeit: in der Regel August/September, Tragzeit: 9 Monate, Alter 20 bis 25 Jahre.

Shetlandpony

Lebensweise: Anspruchslos, sehr geeignet, überständige Gräser aus den Weideflächen zu fressen. Es sollte nur ein Hengst mit mehreren Stuten gehalten werden, da sonst Verluste durch Hengstkämpfe. Paarungszeit: Das ganze Jahr hindurch, Tragzeit: 336 Tage, Alter bis zu 35 Jahren.

Sikahirsch *(Cervus nippon)*

Lebensweise: Geschlechter getrennte, auf die Mutter ausgerichtete soziale Gruppen. Hirsche sehr unverträglich. Wir unterscheiden:

1. Japanischer Sika *(Cervus nippon nippon):* Kleinste Inselform, etwa rehgroß, Geweih 8 bis 12 Enden.
2. Formosa-Sika *(Cervus nippon taiouanus)* (vom Aussterben bedroht): Etwa Damhirsch-Größe. Vorkommen Formosa.
3. Dybowski-Hirsch *(Cervus nippon dybowskii):* Rothirsch-Größe. Vorkommen Ussuri-Gebiet (russisch/chinesische Grenze). Gefährdet.
4. Mandschurischer Sika *(Cervus nippon mantschuricus):* Dybowski-Größe. Vorkommen Mandschurei (fast ausgerottet).
5. Tonkin-Sika *(Cervus nippon pseudaxis):* Zwischen Reh- und Damhirsch-Größe. Vorkommen Tonkin und Nord-Annam (Vietnam).

Alle Sika kreuzen sich untereinander. Es kann also immer nur eine Art in einem Gehege gehalten werden. Vor Anschaffung ist die Abstammung sehr genau zu überprüfen, weil oft Mischlinge vom Tierhandel angeboten werden. Paarungszeit: September bis November, Tragzeit: 225—235 Tage. Bis auf den Vietnam-Sika klimatisch in Europa haltbar.

Tarpan *(Equus przewalskii silvaticus)*

Dieses ausgestorbene europäische Waldpferd mausgrauer Farbe bevölkerte bis zum Mittelalter die europäischen Wälder, kommt heute nur als Rückkreuzung vor. Lebensweise: In kleinen Gruppen unter Führung eines Hengstes, Tragzeit 11 Monate. Sehr genügsam, gut geeignet zum Nachäsen überständiger Gräser in den Gehegen.

Wisent *(Bison bonasus)*

Lebensweise: Offenes bis geschlossenes Waldland-Laub-Misch- und Nadelwald. Gaile Wiesen sind für diese Laubäser lebensgefährlich. Größere Gruppen beiderlei Geschlechts haltbar. Paarungszeit: August/September, Tragzeit: 9 Monate, Alter 20 bis 25 Jahre. Massivere Umzäunung angezeigt.

Wildschwein *(Sus scrofa)*

Lebensweise: Auf Muttertier ausgerichtete Familiengruppen, die sich zusammenschließen können, wobei eine Mutter Ammendienst übernimmt, ähnlich dem Bär. Pflanzliche Nahrung überwiegt, in Gehegehaltung wird am tunlichsten Hausschwein-Erhaltungsfutter Verwendung finden, da hierin alle notwendigen Ernährungskomponenten enthalten sind. Paarungszeit: Oktober bis Januar, Tragzeit: 120 bis 140 Tage, Alter 20 bis 30 Jahre. Umhegung sollte massiv sein, um Unterwühlen und Durchbrechen zu verhindern. Falls Gehege für Jagdzwecke angelegt werden sollen, ist ein Fachmann zu befragen.

Wolf *(Canis lupus)*

Lebensweise: Lebt in auf die Mutter ausgerichteten Gruppen, wobei die Jungen vom Vorjahr beim Verband bleiben. Paarungszeit: Dezember bis Ende Februar, Tragzeit: 64 Tage. Gehege muß sehr massiv angelegt sein, um Entweichen zu verhindern, Fachmann zur Beratung zuziehen. Alter 12 bis 14 Jahre. Aus unerklärlichen Gründen gibt es in jedem Wolfsrudel einen „Unbeliebten", nach dessen Vernichtung das Rudel einen weiteren findet. Dies ist keine geschlechtsgebundene Erscheinung.

Wildschafe

Lebensweise: Bildung bis zu größeren Rudeln, bevorzugt Mittel- bis Hochgebirgsklima. Gesellig in geschlechtsgetrennten Gruppen, wobei die Jungböcke beim Mutterverband bleiben. Anfällig gegen Befall durch Parasiten, brauchen Gras- und Laubäsung. Paarungszeit: Oktober bis November, Tragzeit: 150 bis 180 Tage, Alter ca. 15 Jahre. Außer dem Wildschaf aus Sardinien und Korsika gibt es solche aus dem Iran und den anschließenden Gebirgsgebieten bis zur Mongolei. Diese Wildschafarten haben genauso Haltungsschwierigkeiten wie jene aus Nordamerika. Am geeignetsten ist der europäische Mufflon zur Gehegehaltung in Europa.

Vögel

Alle Wasservogelarten sind gut haltbar in Gehegen, wobei wir unterteilen in

1. Entenartige
2. Gänse
3. Schwäne
4. Stelzvögel.

Die Wahl der Wasservogelarten hängt sehr von der Größe des Geländes ab, wobei sich Stelzvogelanlagen sehr bewähren, weil sie die Tiere besser für die Betrachter erkennen lassen. Flamingos, gewisse Schwäne und Kraniche müssen über Winter in temperierten Häusern untergebracht werden. *Vor* Anschaffung der Tiere ist ein Fachmann zu befragen. Fasanenartige Vögel sind — außer bei sehr großen Gehegen von einigen 100 ha – nach Tunlichkeit in Volieren zu halten. Auch hier ist der Rat des Fachmannes zu hören, welche Arten im Winter künstliche Wärme brauchen. Von den straußartigen Vögeln sind die Nandus und die Emus gut zu halten.

Greifvögel

Unterschiedlich ist die Haltung als Beizvogel, wobei unbedingt der Fachmann zuzuziehen wäre. Eine dankenswerte Aufgabe besteht in der Vermehrung von Tag- und Nachtgreifen in Zuchtvolieren zur Wiederbesiedlung verödeter Biotope. Die Haltung ist meist genehmigungspflichtig.

Rauhfußhühner

Auerhühner, Birkhühner sind in Volieren zu halten. Die Lebensdauer ist in der Gefangenschaft nicht lang (3 bis 5 Jahre). Die Reproduktion ist sehr schwierig. Haselhahn und Steinhuhn züchten leichter in der Gefangenschaft.

Wildhaltung von Antilopen oder Gazellen

Sie sollte nur nach Rücksprache mit zoologischen Fachkräften erfolgen. Es wird *dringend* empfohlen, sich vor Anschaffung von Tieren durch Fachleute beraten zu lassen, und zwar durch den Verein Deutscher Wildgehege oder den Verein Österreichischer Wildgehege, oder auch durch den nächsten Zoodirektor. Keinesfalls sollte allein auf den Rat von Tierhandlungen gehört werden bei Bestandsbegründungen von Gehegen. Nur ein sorgfältig für die Gegend und Ernährungsmöglichkeit aus dem Gehege ausgesuchter Tierbestand gibt die Gewähr für eine erfolgreiche Gehegehaltung.

Sorgfältig ist der Gesundheitszustand des anzukaufenden Tiermaterials zu prüfen, beim Tierhändler Gesundheitsatteste zu fordern. Nach Möglichkeit sollten Tiere nur aus bekannten Gehegen gekauft werden und eine schriftliche Zusicherung des Verkäufers gefordert werden, daß die Tiere gesund sind, daß und wann zum letzten Mal Kot eingeschickt wurde und an welches Parasitologische Institut. Nur aus genetisch erstklassigen, gesunden Tieren kann eine erfreuliche Wildgehegebevölkerung erwachsen.

Rinder mit Wild in Gehegen

Direktor Heinz Heck vom Münchener Tierpark Hellabrunn sagt über das Thema:

„Es hat sich herausgestellt, daß in Gehegen, in welchen nur Rotwild lebt, auf den natürlichen Äsungsflächen eine einseitige Auslese der Äsungspflanzen stattfindet. Die vom Rotwild bevorzugten Pflanzen werden stark abgeäst. Dadurch erhalten andere ein Übergewicht, vermehren sich zu sehr und verdrängen die Rotwildäsung. Man kann das auch in Freiheitsrevieren auf Almen beobachten, auf welchen der sommerliche Viehauftrieb aus irgendwelchen Gründen eingestellt wurde. Bald verschlechterte sich die Äsung für das Rotwild ... Daher sind schon manche Wildparke dazu übergegangen, neben Rotwild auch Rinder zu halten, zumal man sich davon einen Ertrag versprechen kann.

Welche Rinder kommen nun hierfür in Frage? Natürlich nur solche, welche das Leben draußen im Freien im Sommer und Winter aushalten und befähigt sind, sich in freier Herdenhaltung zu vermehren. Aus diesen Erwägungen heraus denkt man gern an Wildrinder, die im gemäßigten oder kalten Klima beheimatet sind bzw. beheimatet waren, ehe der Mensch sie verdrängt oder ausgerottet hat.

In Europa gab es früher zwei Arten Wildrinder, den *Wisent* und den *Auerochsen.* Der *Wisent* ist heute noch erhalten. Nach dem ersten Weltkrieg, nach der vollständigen Vernichtung der Wisent-Bestände in den letzten Wildvorkommen des Urwaldes von Bialowies, andererseits im Kaukasus, waren nur noch wenige Exemplare übrig, die sich in Zoologischen Gärten und Wildparken befanden. Es sah damals so aus, als wäre es kaum möglich, mit diesen wenigen Tieren die Tierart zu erhalten, gleichsam als stünde das Ende dieses größten Landtieres Europas bevor. Aber wider Erwarten gelang es dennoch, den Bestand reinblütiger Wisente allmählich so zu vermehren, daß heute die Arterhaltung gesichert erscheint.

Der Wisent, dieser prachtvolle Vertreter der europäischen Tierwelt früherer Zeiten, ist durchaus geeignet, neben Hirschen in Gehegen und auch in Schaugehegen gehalten zu werden. Dank seines dicken Pelzes ist er wetterhart. Er äst zum Teil auf mageren Wiesen und Grasflächen, aber als Tier des Waldes liebt er sehr Blätter und Zweige des Unterwuchses, der Gebüsche und jüngerer Bäume.

Das zweite Wildrind Europas, der *Auerochse*, der wilde Vorfahre unserer Hausrindrassen, verhält sich also zu diesen etwa wie der Wolf zu den vielen Hunderassen.

Dieses hochinteressante und für die Kulturgeschichte so bedeutungsvolle Rind ist als Wildform vor 350 Jahren ausgestorben und lebt nur noch in seinen zahmen Abkömmlingen fort.

Der Münchener Tierpark Hellabrunn hat schon vor Jahrzehnten den Versuch unternommen, aus primitiven Hausrindern wieder ein Rind zu züchten, das dem ausgestorbenen wilden Vorfahren möglichst gleicht, so als wolle man aus verschiedenen Hunden, Schäferhunden, Polarhunden und anderen wolfsähnlichen Rassen wieder ein Tier züchten, das dem Wolf gleicht. Der Tierpark Hellabrunn hat diesen Versuch zum Zwecke der naturwissenschaftlichen Volksbelehrung unternommen, welche die Aufgabe Zoologischer Gärten ist. Heute leben in Hellabrunn, in verschiedenen Zoologischen Gärten und manchen Wildparken schon Stammherden dieser Rückzüchtungen, welche in ihrem Aussehen dem erstrebten Ziel sehr nahe kommen.

Über das Aussehen des Auerochsen oder Ures sind wir durch die außerordentlich zahlreichen Knochenfunde, durch alte Darstellungen und durch Beschreibungen von Zeitgenossen gut unterrichtet. Die Stiere waren schwarz mit einer weißen Umrandung des Maules und mit einem weißlich-gelblichen Aalstrich auf dem Rücken. Die Kühe waren rotbraun mit namentlich im Winter dunkelgefärbten Halsseiten und hatten ebenfalls ein weißumrandetes Maul. Die Hörner der Auerochsen waren beim Stier bedeutend stärker als bei den Kühen. Die Hornstellung verlief meistens seitwärts von der Stirn weg, dann vorwärts, dann aufwärts, doch variierte die Hornstellung erheblich, ebenso wie wir das bei anderen Hornträgern, Steinböcken, Wildschafen und Antilopen finden. Die Hornscheide war weißlich und an den Spitzen schwarz gefärbt.

Interessanterweise hat sich bei dem Rückzüchtungsversuch herausgestellt, daß die Kälber alle einfarbig braun geboren werden, wie das auch bei anderen Wildrindern der Fall ist, und erst nach einigen Monaten je nach ihrem Geschlecht umfärben.

Im Gegensatz zum Wisent lebten die Auerochsen nicht im dichten Wald, sondern auf den Wiesen der Fluß-Auen. Je nach der Gegend wiesen sie erhebliche Unterschiede in der Körpergröße auf. Die größten lebten in denjenigen Gegenden, welche auch heute noch die besten Rinder-Zuchtgebiete sind, etwa am Niederrhein, wo das Rindvieh auch im Winter grüne Weide findet. Kleinere Schläge lebten in klimatisch nicht so begünstigten Landstrichen Thüringens.

Der Auerochse und seine heutigen Nachkommen unterscheiden sich in der Ernährung wesentlich vom Wisent. Sie leben nur vom Gras der Wiesen und Grünflächen. Wenn es sich also um das Abweiden von langen Gräsern handelt, welche die Hirsche nicht abäsen, so ist der Weidegang von Auerochsen dem des Wisents vorzuziehen.

Natürlich kann man für diesen Zweck auch gewisse primitive Hausrinder nehmen, wie Steppen- oder Hochlandrinder, während die auf Milchproduktion hochgezüchteten Kulturrassen weniger geeignet sind.

Die Haltung der Auerochsen-Rückzüchtungen und der primitiven Rinderrassen in Gattern ist durchaus geeignet, einen beachtlichen Ertrag abzuwerfen, da ihr Fleisch von besonders hoher Qualität ist (Anmerkung Reuss: 40 Prozent Nutzfleisch vom Lebendgewicht). Es sei auch gesagt, daß die Auerochsen-Rückzüchtungen sich als besonders widerstandsfähig gegen alle Rinderkrankheiten erwiesen haben.

Die aus tropischen und subtropischen Gebieten stammenden Rinder, wie Bantengs, Zebus, afrikanische Rinder, Kaffern- und Wasserbüffel sind für die ganzjährige Wildparkhaltung im Freien ohne warmen Winterstall nicht geignet, wohl aber von außereuropäischen Rindern noch der nordamerikanische Bison, der ein naher Verwandter des Wisents ist.“

Kapitel 6 Der Gehegebau

Die Auswahl des Geländes für die Errichtung eines Wildgeheges bedingt neben ökologischen Gesichtspunkten rein technische Erwägungen. Möglichst gerade Zaunführungen erleichtern den Zaunbau. Die geometrische Form des Kreises beinhaltet bekanntlich bei kürzester Zaunlänge den größtmöglichen Flächeninhalt. Im Gelände ist diese flächenmäßig gesehene Idealform meistens selten zu verwirklichen. Bei der Festlegung des Zaunverlaufs muß geprüft werden, ob gesetzliche Vorschriften einen bestimmten Abstand von der Besitzergrenze vorschreiben. Ebenfalls ist zu prüfen, welche Forderungen der Gesetzgeber grundsätzlich an die Errichtung eines Wildgeheges stellt (Mindestgrößen, Hygieneeinrichtungen, Bundestierschutzgesetz vom 24. Juli 1972 – § 13 – und in Vorbereitung befindliche Rechtsverordnungen hierzu etc.).

Nach Möglichkeit soll der Zaun keine Wege – vor allem keine öffentlichen – schneiden. Für den Fall der Unvermeidbarkeit empfiehlt es sich, Straßenroste einzubauen. Eine etwa 90 cm tiefe Grube – in Breite der Straße und 3,20 m lang – wird ausgehoben. Die Wände werden armiert, sei es durch Zement oder einen Holzwandbau. Bei Verwendung von Holz (Lärche, Eiche oder Akazie) werden in 30 cm Abständen der Länge nach Pfosten verlegt. Diese lagern auf den beschriebenen Armierungswänden der Grube. Quer auf diese Längspfosten werden 5 cm starke Pfosten in einem Abstand von 8 cm verlegt (siehe Kapitel 7). Über diese Oberfläche wird kein Stück Wild ziehen. Aus Metall kann die gleiche Konstruktion ebenfalls, je nach Preislage des Materials, angefertigt werden. Zu beachten ist, daß jeder Weg Oberflächenwasser führt. Man sammelt dieses Wasser vor den Rosten in einem Graben an der Straßenseite und leitet es unter den Rosten hindurch.

Vorteilhaft ist es auch, die Roste über kleine Wasserläufe zu führen. Das Wasser hat auf Wild eine gewisse Abschreckungswirkung; es ist im Winter eine Hilfe, die Roste schneefrei zu halten. Im rechten Winkel zum Zaun werden in das Gehege zwei Stichzäune mit 3 m Länge gezogen, die den Straßenrost begrenzen und somit verhindern, daß das Wild die Roste von der Seite diagonal überfällt.

Die Überquerung von fließenden Gewässern mit dem Zaun setzt genaue Kenntnis voraus, wie stark das Wasser in den Jahreszeiten an- und abschwellen kann. Kleine Fließwasser mit nicht großer jahreszeitlicher Schwankung des Wasserstandes werden großmaschig überzäunt, so daß der Wasserspiegel etwa 15 cm über dem unteren Zaunrand liegt. In das Bachbett hinein wird der Zaun durch 20 cm starke Pilonen

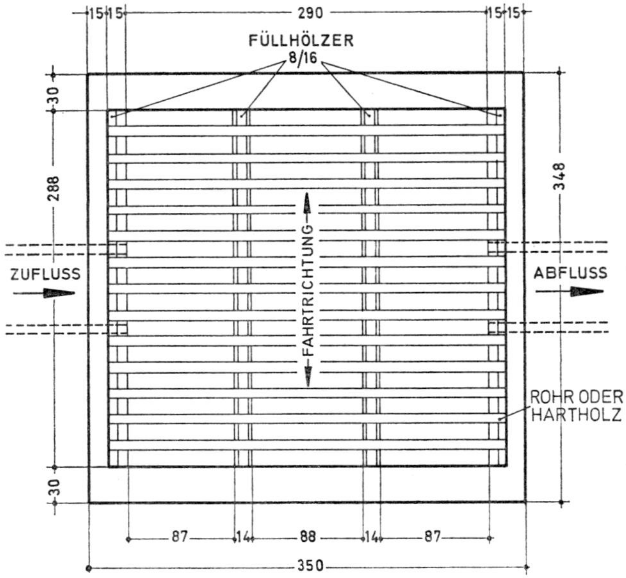

Abb. 5. Weiderost

(Lärche, Eiche, Akazie), die senkrecht stehen oder quer verlaufen, geschlossen. Bei stärker fließenden Bächen und Flüssen mit starker Materialführung wird ein Stahlseil über den Fluß gespannt. Die Pfosten, welche dieses Seil halten, müssen gut verspreizt werden. Im Abstand von 6 cm hängen an diesem Seil Rohre, die bis zu dem Tiefstwasserspiegel hinabreichen. Oder bei stärker fließendem Wasser mit oft wechselndem Pegelstand werden ca. 80 cm bis 1 m breite rechteckige Rahmen derart beweglich an dem Spannseil befestigt und mit großmaschigem Geflecht armiert, daß diese bis zur bekannten Tiefstmarke reichen. Am unteren Ende der Rahmen werden leere Fässer befestigt, welche sich durch ihr Schwimmvermögen dem wechselnden Pegelstand anpassen (siehe auch Kapitel 7). Bei stehenden Gewässern schlägt man eine Pilonenwand. Hierbei ist zu beachten, daß der Wasserstand auf der dem Gatter zugekehrten Seite des Gewässers mindestens 1,20 m sein soll. Dadurch kann kein Wild die etwas über dem Wasserspiegel geklappten Pilonen überspringen. Bei einer Wasserführung parallel zur Zaunführung wird hier an Stelle des Zaunes eine 1,60 m hohe Mauer oder Holzwand an einem Ufer errichtet, von der zum Gatterinnern hin das Gelände sanft ansteigt. Hierbei sind aber ebenfalls 1,20 m Tiefe des Wasserstandes und zwar in einer Breite von 60 cm vor dieser senkrechten Wand zu beachten.

Im allgemeinen ist Wild aber sehr gehegetreu und springt äußerst selten aus. 2 m Gatterhöhe reichen vollkommen aus, um ein Überspringen zu verhindern. Hierbei braucht das Drahtgeflecht nur bis auf 1,90 m zu gehen und in 5 cm Abstand zwei Spanndrähte darüber gezogen zu werden.

Bei hochspringendem Wild, z. B. Steinwild, werden Winkelstäbe mit einem Neigungswinkel von 90 bis 120 Grad nach innen an den Zaunstehern angebracht. Im Abstand von 12 cm werden zwischen diesen 60 cm langen Winkelstäben Spanndrähte gezogen, die ein Überspringen des Wildes verhindern.

Die im Abstand von etwa 5 bis 6 m gesetzten Pfähle aus Lärche, Eiche oder Akazie (Eisenholz aus Afrika) sollten vorher mit einer Wolmansalzlösung behandelt oder im Hochdruckverfahren imprägniert werden. Man kann auch dort, wo das Erdreich an die Zaunsäulen stößt (zwischen Tag und Nacht) mit Wolmansalz imprägnierte Manschetten oder solche aus Dachpappe anlegen. Auf diese Art präparierte Pfosten besitzen eine Mindestlebenszeit von 25 Jahren. Bei Fichtenpfählen ohne Hochdruckimprägnierung darf man nur mit einer Lebensdauer von 10 Jahren rechnen. Metallpfosten sind haltbarer. Diese müssen vor dem Setzen mit Zementsockeln versehen werden. Die Erdlöcher sind relativ klein. Erst die Kostenberechnung – je nach Geländebeschaffenheit – ergibt, welches Material fallweise zu wählen ist. Stahlbetonpfosten finden seit neuestem Verwendung. Bei 9,5 cm Querschnitt ist ein kleineres, etwa 70 cm tiefes Loch notwendig. Das Gewicht eines solchen Pfostens liegt bei 30 kg.

Das Ausheben der Löcher für die Holzsäulen mit einer Tiefe von 80 cm hängt sehr von der Beschaffenheit des Bodens ab. Bei ebenem Gelände ist der z. B. serienmäßig für land- und forstwirtschaftliche Zugmaschinen hergestellt Bohrer ausgezeichnet zu verwenden. Wenn das Erdmaterial nicht steinführend ist, kommen auch Erdlochbohrer für Motorhandsägen zum Einsatz.

Das lose Erdreich muß bei Erdbohrereinsatz aus den Löchern ausgehoben werden. Eine Zangenschaufel mit zwei langen Stielen leistet hier gute Dienste. In hängigem und waldreichem Gelände muß das Erdloch mittels Stechspaten ausgestochen werden. Hierzu soll der Spaten im unteren Drittel etwas gebogen sein und auch in sich eine leichte Wölbung haben. Dies erleichtert das Ausheben des Erdmaterials. In steinigem Gelände sind Lochsprengungen billiger als das Ausgraben von großen Steinen.

Nach Fertigstellung der Löcher werden die Pfähle eingesetzt. Hierbei kommt es darauf an, diese wirklich fest im Erdreich zu verstampfen. Die Säulen werden deshalb angespitzt und mittels eines Holzschlägels festgeschlagen. Ein kleines Holzpodium mit einem leicht tragbaren Tritt ermöglicht gutes Zuschlagen mit dem Schlägel.

Jede Richtungsänderung in der Zaunführung bedeutet eine Belastung des Eckpfostens, da die Gesamtspannung des Zaunes diese Ecksäule von beiden Seiten her beansprucht. Deshalb sollen möglichst lange, gerade Linien gewählt werden. Der Eckpfosten selbst bekommt in 2 m Entfernung in jeder Zaunrichtung eine weitere Verstärkersäule oder Schrägstütze gesetzt. Diese zwei Verstärkersäulen werden an ihrem oberen Ende als Verspreizung durch Querstangen mit dem Eckpfosten verbunden. Es ergeben sich also zwei Rechtecke, deren Diagonale wiederum durch einen 2 mm dicken Spanndraht derart verspannt wird, daß dessen oberes Ende an der Verstärkersäule oben befestigt ist. Dieser Spanndraht läuft doppelt, so daß das untere Ende um einen großen Stein geschlungen werden kann, den man am Fuße des Eckpfostens o. ä. verankert. Sodann wird der Doppelspanndraht mittels eines Knebels gespannt (gedreht), bis beide Spanndrähte in diesen Verstärkerrechtecken die Ecksäule senkrecht halten und sie so von ihrer großen Belastung durch die Spannung des Zaunes etwas befreien.

Die Pfosten müssen im Lot und in einer Flucht stehen. Das Geflecht ist an der Ecksäule zu zerschneiden, um den Druck zu beseitigen, der durch die Längszäune entsteht.

Das Drahtgeflecht kann mittels Traktor oder Spannvorrichtung gestrafft werden. Eigens am Drahtgeflecht angebrachte Spanner bewirken mechanisch Zugausgleich bei klimabedingter Dehnung des Zaunmaterials. Man kann auch nach der Winterzeit nachspannen. Das Drahtgeflecht wird mit verzinkten U-Haken an die Pfosten derart angeheftet, daß eine klimabedingte Dehnung freies Spiel hat.

An Gehegeaußenzäunen dürfen keine Einsprünge ex lege angebracht werden, wohl aber an den Zwischenzäunen in Gehegen und bei Wintergattern.

Diese Einsprünge sollten so angelegt sein, daß diese mindestens 5 bis 6 m – also einen Pfostenabstand – breit sind, besser 10 m. Zum Innern des Geheges hin sind die Einsprünge etwa 2,20 m tief. In Richtung der Zaunführung wird dieser Einschnitt entweder durch eine Zementmauer oder eine Holzwand armiert, damit das Erdreich nicht einstürzt. Es empfiehlt sich, den Boden der Einsprünge in weichem Gelände (Sumpf) anzulegen, damit das Ausspringen erschwert wird.

Führt die Zaunlinie durch älteren Nadelholzbestand, erfordert die Baumschlaggefahr eine der Randbaumhöhe entsprechende breite Schneise. Bei Sturm empfiehlt sich die Bereitstellung einer Einsatzkolonne mit Motorsäge und Räumgerät für schnelle Windbruchbeseitigung.

Zwei *Drahtgeflechtarten* haben sich langjährig bewährt:

1. *Knotengeflecht*
   dessen Längsdrähte aus hochwertigem Stahldraht von 3 mm Stärke sind und eine Effektiv-Zerreißfestigkeit von etwa 850 kg haben. Der Abstand des senkrechten Flechtwerks sollte 17 cm nicht überschreiten. Alle Drähte sollten eine Spezial-Starkverzinkung nach DIN 1548, also mindestens 200 g/qm Zinkauflage, aufweisen.
2. *Maschinengeflecht*
   Auf die Verzinkung oder einen Plastikschutzüberzug ist auch hier besonders sorgfältig zu achten. Anroststellen erhöhen die Bruchgefahr und erleichtern dem Wild das Ausschlüpfen.

Die Vielseitigkeit der Zaunbautechniken läßt eine Normung schwerlich zu. Sie richtet sich im wesentlichen nach den Geländeverhältnissen, dem Fachkönnen der Arbeitskolonnen und den individuellen Wünschen des Eigentümers.

Häufig trifft man auf die *Hängezauntechnik.* Sie verwendet einen tragenden Spanndraht von 3 bis 5 mm Stärke, der in Drahthöhe an die Pfähle genagelt wird und das tragende Element der Gatterkonstruktion bildet. Mittels Kettennotgliedern (verzinkt) wird das Zaungeflecht an den Spanndraht gehängt. Die untere Befestigung in Bodennähe bilden kräftige, etwa 1 m lange Heringe, die im Abstand von 3 m zwischen den Pfählen eingeschlagen sind. Auf diese Weise wird das Geflecht elastisch oben und unten gehalten und findet sich zwischen den Pfählen gespannt. Als Sicherung gegen unbefugtes Anheben und Unterschlüpfen bewährt sich ein in Bodennähe gezogener Stacheldraht, der Pfähle und Heringe miteinander verbindet. Bei größer gewählten Abständen – 6 bis 10 m zwischen den Gatterpfählen – leisten Fichtenstangen von 2,20 m Länge, die senkrecht auf den Boden gestellt und mit dem Gatter verkrampt werden, gute Dienste. Bei Verwendung von Maschinengeflechten ist auf einen engeren Pfahlabstand zu achten — 4 m maximal 5 m — weil die flächige Spannung des Drahtes von Wichtigkeit ist.

Für Rotwildgehege sollte man tunlichst einen Sprungdraht 20 cm über dem Geflecht als zusätzliche Aussprungssicherung anbringen.

Die Drahtindustrie liefert so zahlreiche Spannvorrichtungen und Hilfsmittel, daß es sich erübrigt, im einzelnen hierauf einzugehen. Es sei lediglich der Vollständigkeit halber erwähnt, daß elastische Gatterkonstruktionen anfliehendes Wild besser abfedern, denn allzu starr gezogene.

Tore

Wenn kein Straßenrost angebracht werden kann, muß ein Straßentor gebaut werden. Hierbei besteht immer die Gefahr, daß es durch den Benützer offen gelassen wird und das Wild entweichen kann. Als einfachste Lösung werden die Tore so angeschlagen, daß sie sich durch ihr Eigengewicht um die Aufhängeangeln zurückdrehen und von allein zuschlagen.

Sicherer ist die Konstruktion eines Schleusentores, gezäunt wie der Außenzaun, etwa 40 m beiderseits der Straße. Der Korridor führt zu einem 2. Tor. Mittels Drahtseilen lassen sich die 2 Tore so aufeinander einstellen, daß der Benützer beim Öffnen des einen Tores automatisch das 2. Tor schließt. Jedes Tor ist das Sorgenkind eines Geheges. Je weniger Wege die Gatterfläche durchschneiden, desto besser.

Bei Wildparken für Besucher wird am Eingang sowie zwischen den einzelnen Gehegen ein Drehtor angebracht. Intelligentes Wild wie z. B. Damwild erlernt jedoch dieses zu benützen, weshalb auf der Innenseite des Geheges eine mit Zugfeder armierte Tür angebracht wird. Am besten bewährt sich das durch Eigengewicht selbstschließende Tor, wobei deren zwei dort anzubringen sind, wo der Zaun zwei Wildrudel trennt.

Wasser

Wasser muß in jedem Gehege vorkommen. Falls notwendig, ist die Zuführung durch Rohrleitung in Tröge, Kunstteiche oder -suhlen angezeigt. Eine etwa 80 cm tiefe Mulde im Oval 4 × 2 m ausgehoben, wird zu den Rändern hin flach verlaufend mit Zement armiert. Nach Bedarf wird Wasser aus einer möglichst nahen Leitung zugeführt, wobei die etwa 10 cm hohe Lehm- oder Zementschicht dieser künstlichen Suhle immer völlig unter Wasser stehen soll. Bei wasserundurchlässigem Grund ist das Auszementieren oft überflüssig.

Kapitel 7 Praktische Beispiele für Gehegeeinrichtungen und Volieren

Schwenktore — Schiebetore — Stecktore — Bodensicherung — Wildroste — Durchlässe und Gewässer-Sperrwerke

Es lohnt sich, massive, gut gesicherte Tore vorzusehen, um vielerlei Risiken einzugrenzen. Ausreichend dimensioniert, für alle erforderlichen Durchfahrtshöhen und -breiten im Gehege eingesetzter Transportmittel und Geräte, bedingt ihre Funktion

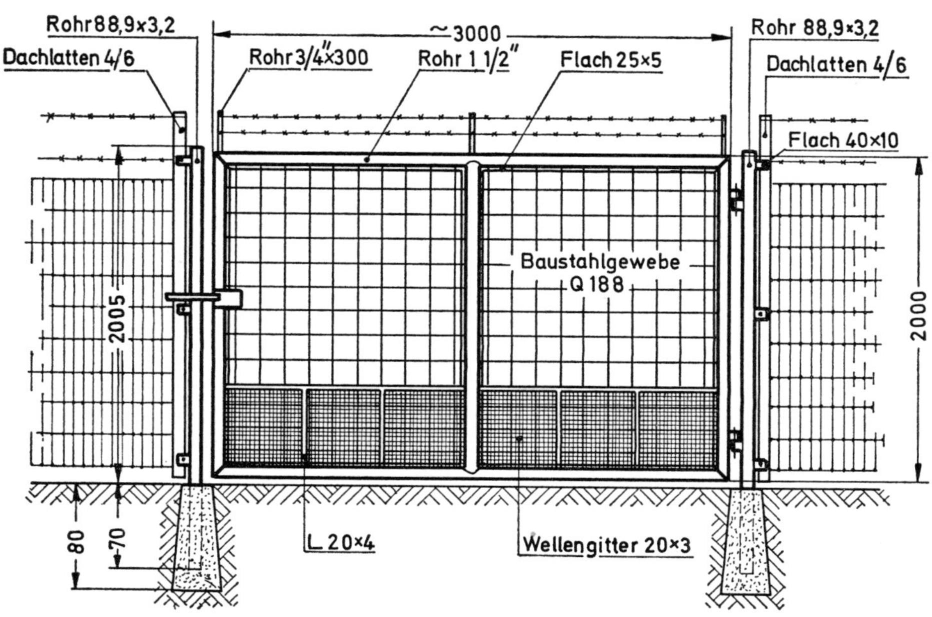

Abb. 6. Vorbildliche Torkonstruktion

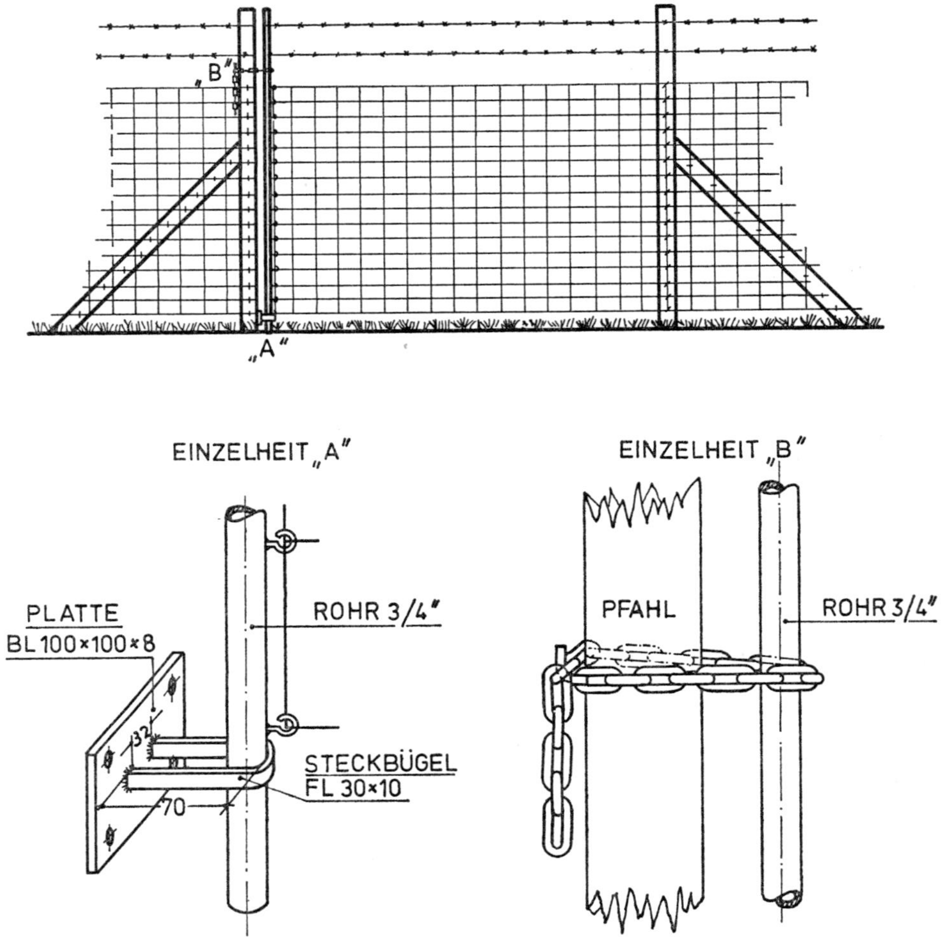

Abb. 7. Stecktor. A = Halterung, B = Verschluß

ständige Wartung und Kontrolle. Nicht allein der Mensch, sondern auch das Wild möchte auf diesem Wege die Umzäunung nach Belieben passieren.

Vor allem Damwild, Rehwild und Sauen nutzen selbst geringe Höhen zwischen Erdreich und Torunterkante zum Durchschlupf. Die Torhängen müssen gegen Ausheben gesichert sein. Eine Beton- oder starke Holzschwelle, zwischen den Torpfosten eingelassen, fixiert den Torabstand vom Boden. Zur Absicherung gegen Übersteigen durch Unbefugte sollte die Toroberkante durch Stacheldraht bewehrt sein. Sehr häufig benutzte Tore müssen entweder mit einem in das Gehege hineinragenden Schutzrost oder einer federgespannten, automatischen Schließvorrichtung versehen werden, da Wildausbrüche durch unbeabsichtigtes Offenlassen der Tore häufig beobachtet werden.

Innen- und andere Zwischentore lassen sich weniger aufwendig gestalten. Häufig benutzte Passagen werden mit Schiebetoren (siehe Taf. 10) verschlossen. Die primitivste Form stellen sog. Stecktore dar (siehe Abb. 7).

Schutzroste

Bereits ausführlich beschriebene Schutzroste zur Sicherung von Wegen und Durchlässen oder zur besseren Landschaftsgestaltung bei ungünstigem Drahtverlauf lassen sich durch die verschiedenartigsten Holz- und Stahlkonstruktionen gestalten (siehe Taf. 8).

Sicherung von Fließgewässern

Die Überquerung von Auen und Bächen durch den Gehegezaun erfordert Schwimmtore. Bei kleineren Bächen genügen Quergitter. Immer besteht im Bereich der Bäche und Auen erhöhte Ausbruchsgefahr, da sich das Wild namentlich im Sommer gern im Fließwasser aufhält. Eine Schürze aus schwarzen Gummilamellen, quer über dem Gewässer angeordnet, bildet einen ausgezeichneten zusätzlichen Schutz. Das Sperrgitter für kleinere Bäche sollte aus querlaufenden Stäben bestehen. Senkrechte Stangen erhöhen die Verstopfungsgefahr. Alle Gewässersperrwerke bedürfen laufender Pflege und Wartung (s. Tafel 9).

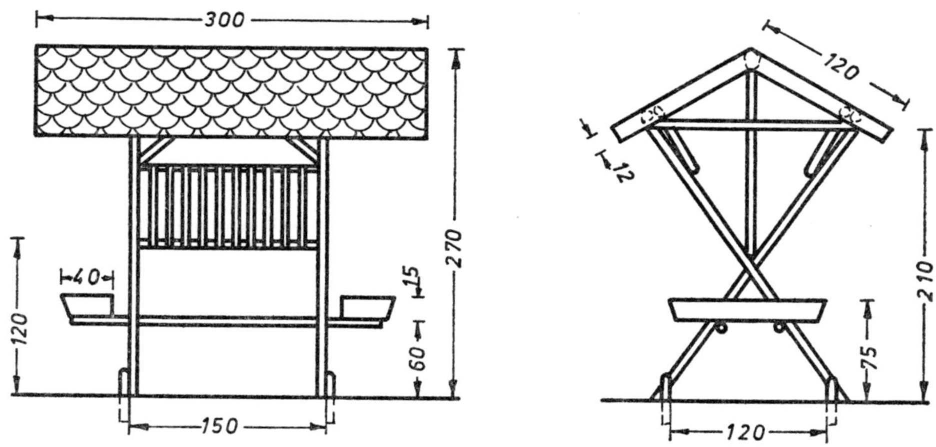

Rauhfutter und Kraftfutter

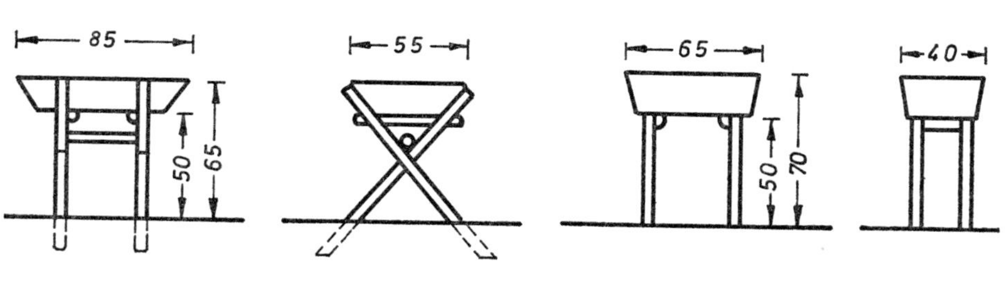

Kraftfutter

Abb. 8. Raufen und Futterkrippen für Rotwild (nach Vicomte d' Harcourt)

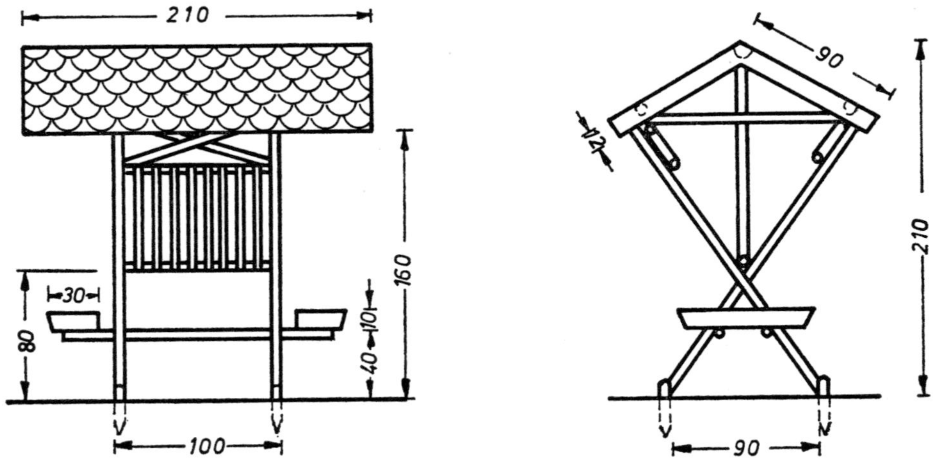

Rauhfutter und Kraftfutter

Kraftfutter

Abb. 9. Raufen und Futterkrippen für Damwild (oben) und Mufflons (unten) (nach VICOMTE D' HARCOURT)

Fütterung

Für Fütterungseinrichtungen sind den Möglichkeiten individueller Gestaltung keine Grenzen gesetzt. Es sollten jedoch einige Grundsätze beachtet werden:

1. Die Anordnung der Fütterung soll weitläufig sein und möglichst vielen Wildtieren Gelegenheit zur Futteraufnahme geben, ohne daß der bekannte Futterneid sich an der Krippe störend auswirkt. Heuraufen und abnehmbare Futtertröge, die je nach Bedarf und Vegetationsbelastung versetzbar sind, erleichtern die Parasitenbekämpfung.

   Kommen Mufflons oder Schwarzwild zusammen mit Rot- und Damwild vor, so sind die Kraftfuttertröge mittels Schlaufen gleichsam als Schaukeln anzuhängen. Die erstgenannten Wildarten setzen sich gern in die Futtertröge, sofern diese feststehen, und verunreinigen das Kraftfutter.

   Schwarzwild ist ein „Dämmerlichttier“ und bevorzugt der Wärme wegen große runde Futterzelte. In der Mitte, etwa mannshoch durch einen Stamm gehalten, senkt sich die Bedachung mit Ästen bedeckt, im Kreis bis auf 30 bis 50 cm über den Boden. Hier schliefen die Sauen gern ein und nehmen dankbar das gereichte Futter auf (Mais oder landesübliches Schweinefutter). Natürlich sehen Schaugehege eine offene Fütterungsart vor.

Ein Kapitalhirsch im Wildpark Rosegg. Phot. A. Rastl

TAFEL 5

Wildpark Jaegersborg – Kopenhagen. Phot. E. Langebaek

TAFEL 6

Damwild, Wildpark Eekholt. Phot. H.-H. Hatlapa

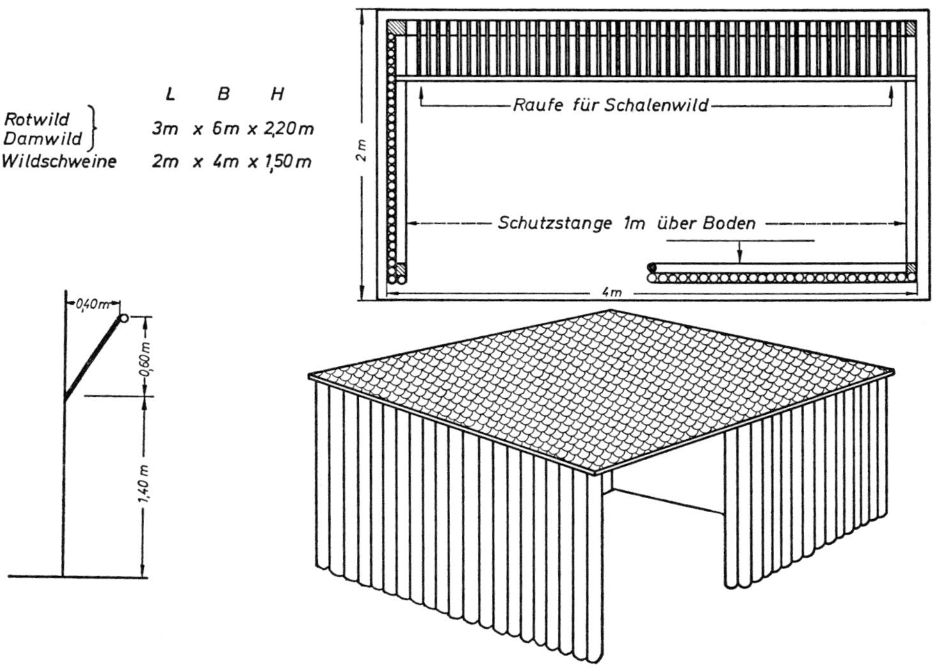

Abb. 10. Gedeckte Raufe für Schalenwild (nach Vicomte d' Harcourt)

Salzlecken in Naturstein oder als Lehm-Sulze – entfernt vom Fütterungsplatz angeordnet — ergänzen den Bedarf.

2. Rüben und Silage dürfen aus Gründen der Gatterhygiene nicht vom Boden verfüttert, sondern sollten von großen Tischen oder aus Trögen gereicht werden.
3. Bei Futterautomaten ist auf leichte Zugänglichkeit besonders für die Geweihten zu achten. Eine einfache hölzerne automatische Schütte mit einem Fassungsvermögen von 1 bis 2 Ztr. Kraftfutter leistet gute Dienste und wird auch im allgemeinen von den Geweihträgern während der Brunft nicht zerstört.
4. *Rauhfutter* kann in Raufen oder Preßballenmagazinen angeboten werden. Für letztere eignet sich eine Kiste mit den Grundmaßen eines Preßbal-

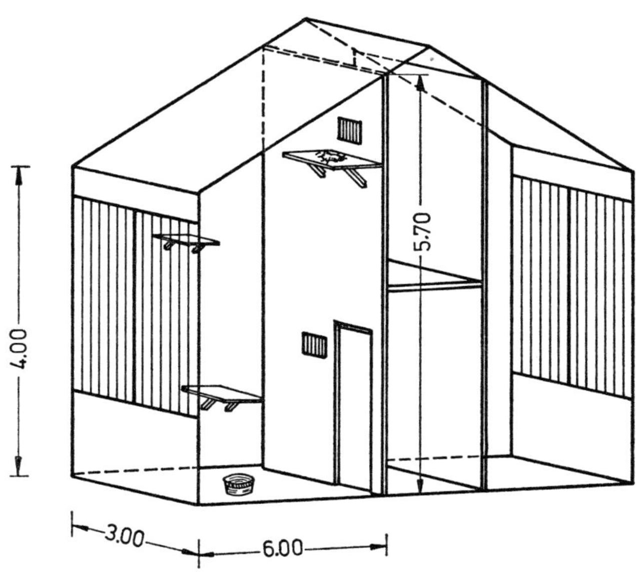

Abb. 11. Aufzuchthaus für Tag- und Nachtgreifvögel

lens und einer Höhe von zwei bis drei Ballen. Auf vier Füßen, 80 cm über dem Boden stehend, dient das Magazin als Einheit für jeweils zwei Stück Rotwild. In Äserhöhe bleibt ein 15 cm breiter Spalt offen, aus dem das Wild automatisch nachrutschendes Futter nach Belieben entnehmen kann. Der aufklappbare Deckel schützt gegen Witterungseinflüsse. Beim Dam-, Reh- und Sikawild reicht diese Magazinfütterung im allgemeinen für 8 bis 10 Stück Wild. Die weitläufige Verteilung solcher Fütterungseinrichtungen fördert den Beschäftigungstrieb des Gehegewildes.

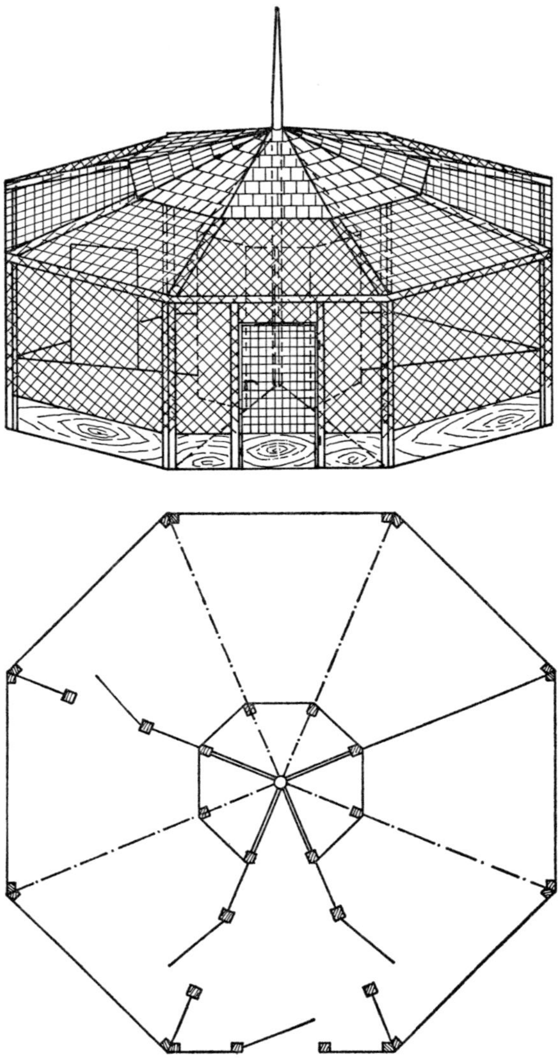

Abb. 12. Vogelvoliere für Lehr- und Informationszwecke

Flug- und Zuchtvolieren

Insbesondere Greifvögel, Stelzvögel und Schwimmvögel vermögen bei Haltung in Volieren nur dann optimale Leistungen zu vollbringen, wenn sie sich hinsichtlich ihrer artspezifischen Bedürfnisse mit der begrenzten Umwelt in Einklang befinden.

Daher bieten großflächige Wildgehege ideale Voraussetzungen bei entsprechendem Biotop geeignete Stelzvogelarten als Parasiten und Zwischenwirtvertilger (Kraniche, Reiher etc.) zu halten und zu vermehren.

Auch Schwimm- und Tauchvögel beleben nicht nur Blankwasserflächen und erhöhen den Erlebniswert für die Gehegebesucher, sondern üben ihrer biologischen Funktion entsprechende Wirkung aus. Kleine Inseln und geschickt in die Landschaft eingefügte Entenhäuser sichern die meist flugbehinderten Vögel vor Raubwild.

Für Greifvögel, die nach falknerischen Bedingungen regelmäßig geflogen werden, genügen Mauserhäuser oder zugfreie Schutzhütten. Zuchtvolieren für Adler, Geier, Bussarde und Milane können jedoch gar nicht großzügig genug bemessen sein (siehe Abb. 13). Die Nachzucht von Falken, Habichten und Sperbern setzt nicht allein genaue Fachkenntnisse voraus, sondern erfordert spezielle Zucht- und Adaptionsvolieren (siehe Abb. 11).

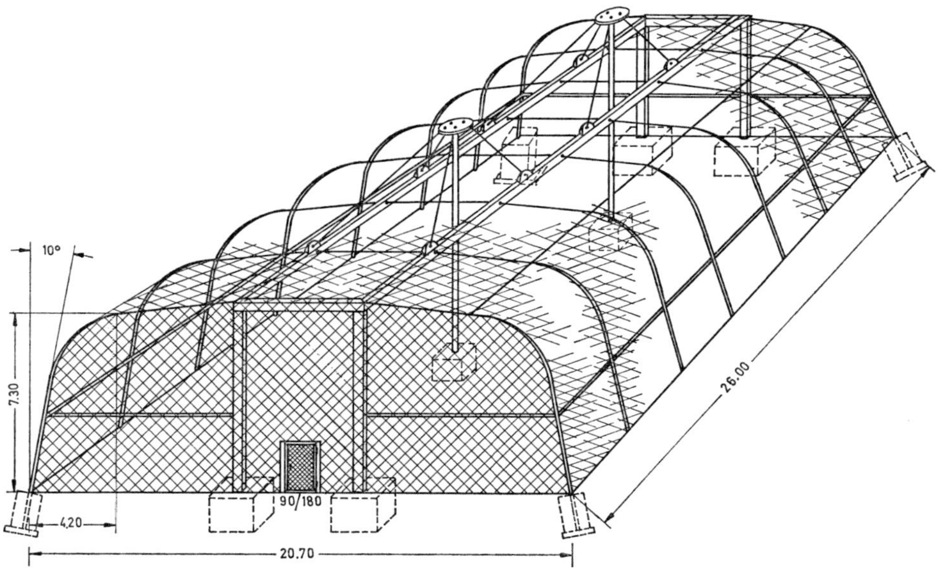

Abb. 13. Flugvoliere für Großgreife (nach HATLAPA)

Für alle anderen Landvogelarten haben sich je nach Zweck die verschiedenartigsten Volierenformen in rechteckiger, quadratischer oder vieleckiger Bauweise bewährt, die jedoch meist folgende Grundbauelemente berücksichtigen: Zugang und Fütterung erfolgt von einem Futtergang oder Vorraum aus, der gleichzeitig für die Unterbringung von Reinigungsgeräten, Brutkästen und Futtermitteln dient. Oft ist der unterteilte Futtergang gleichzeitig Schutzraum für die Vögel über eine Einschlüpf- oder Einflugöffnung. Die dem Flugkäfig zugewandte Seite wird bei besonders empfindlichen und wertvollen Vogelarten aus Glasbausteinen gefertigt. Die Bemessung des umdrahteten Flugraums hängt von der Größe und dem Bewegungsbedürfnis der gehaltenen Vögel ab. Wichtig ist die Anzahl, Form und Anordnung der Sitzmöglichkeiten. Ständige Frischwasserzufuhr schützen die Tiere vor Krankheiten und bieten darüber hinaus die Möglichkeit von Medikament- und Vitaminpräparatversorgung. Die gefiederten Freunde danken für regelmäßige abwechslungsreiche und artgerechte Fütterung, größte Sauberkeit und besondere Fürsorge während der Mauserzeit mit Lebhaftigkeit und Brutfreude. Wenn in die Freiheit entlassene Vögel freiwillig in die Volieren wieder zurückkehren, ist das ein Zeichen von Wohlbefinden und gelungener Haltung.

ZWEITER TEIL

ERNÄHRUNG VON WILD IN GEHEGEN

Kapitel 8 Allgemeines über Ernährung von Wild in Gehegen

In allen Gehegen – ganz gleich welchen Zwecken dienend – ist die Wilddichte stets höher als in der freien Wildbahn, in der sie nach ökologischen Gesichtspunkten zu „bewirtschaften“ ist. Die höhere Wilddichte bedeutet, daß die natürliche Äsung selbst bei ihrer Vermehrung und Verbesserung auch in den nährstoffreichen Vegetationszeiten nach Art und Menge für die Bedürfnisse der im Gehege gehaltenen Tiere nicht ausreichend ist. Als Folgerung hieraus ergeben sich zwei Notwendigkeiten. Die eine heißt Vermehrung und Verbesserung der Naturäsung, über die in einem eigenen Kapitel sachkundig berichtet werden wird (siehe Kap. 11). Die andere hat als Aufgabe für eine sinnvolle und rationelle Ergänzung der Naturäsung durch Futterkonservierung sowie durch Verabfolgung zusätzlicher Futtermittel und -Kombinationen Sorge zu tragen. Am besten ist es, wenn der Betreuer der Wildgehege selbst Land- oder Forstwirt ist oder sich besondere Kenntnisse in der Tierhaltung angeeignet hat. Steht das Gehege noch mit einem land- oder forstwirtschaftlichen Betrieb in möglichst engem Kontakt, dann dürften alle Voraussetzungen für eine tierartgerechte Haltung von sonst freilebendem Wild in Gehegen gegeben sein. Hier ist auch gewährleistet, daß von der Praxis der Viehhaltung her sinnvolle Maßnahmen – nicht sture Übernahme – über Haltung und Fütterung für das Wild getroffen werden. Gewissermaßen im Verbundbetrieb, unter Einsatz sachkundiger Helfer, geeigneter Maschinen und Einrichtungen (Silos) und vor allem unter Ausnutzung der wirtschaftseigenen Futtermittel und deren Ergänzung durch sinnvollen Zukauf von Handelsfuttermitteln werden sich hier optimale Formen der Gehegehaltung entwickeln können. Der genannte Personenkreis wird in diesem Buchkapitel wenig Neues finden. Es gibt aber recht zahlreiche Bewirtschafter von Gehegen mit ihren Helfern, die vielleicht von den folgenden Darlegungen etwas Nutzen haben können.

Entscheidend für die Ernährungsgestaltung ist das Wissen um den Bedarf an Bau- und Betriebsstoffen für die verschiedenen biologischen Leistungen der Tiere, ihr Vorkommen in der Natur, ihre zweckmäßige Kombination, die auch die äußere Struktur der Äsung und die Fütterungstechnik mit einschließt.

Verglichen mit dem, was wir hier vom Nutztier wissen, sind unsere Kenntnisse für die freilebenden Tiere noch sehr mangelhaft. Entsprechende — sehr spärliche — Untersuchungen erlauben nur in Verbindung mit kritisch vorgenommenen Analogieschlüssen aus den Erkenntnissen der Nutztierhaltung und den Erfahrungen aus der hegerischen Praxis Fütterungsempfehlungen für wildlebende Tiere, über die weiter unten eingehender berichtet werden soll.

Gegenüber den für domestizierte Wiederkäuer bekannten Bedarfszahlen für die Erhaltung müssen für in der Freiheit lebende Tiere – und dies gilt m. o. w. auch für in Gehegen gehaltene – andere Betrachtungen angestellt werden. Bekanntlich ist unter Erhaltung die Futtermenge zu verstehen, die ein erwachsenes Tier benötigt, um lediglich sein Lebendgewicht beizubehalten. Nun ist die Erhaltung des Lebendgewichtes bei den in recht verschiedenen Biotopen und damit auch Klimaten lebenden Wild weit mehr erschwert als beim zoologisch vergleichbaren, u. U. im Stall gehaltenen Haustier. Im Hochwinter hat das Wild allein schon durch die gelegentlich sehr hohen Schneelagen und damit erschwerten Wechsel von den Einständen zu den Fütterungen eine erhebliche kalorienverbrauchende, muskuläre Arbeit zu leisten. Weiterhin sind für die Aufrechterhaltung der Körpertemperatur gegenüber tiefen Außentemperaturen oder bei naßkalter windiger Witterung verstärkte Verbrennungsprozesse und damit zusätzlicher Energieverbrauch die Folge. Wenn auch die bessere Ausbildung des winterlichen Haarkleides gegenüber ihren domestizierten Artverwandten hier kompensatorisch wirkt, so darf man doch annehmen, daß gegenüber den vergleichbaren Haustierspezies im Erhaltungsbedarf beim freilebenden und – wenn auch in geringerem Umfang — bei gegattertem Wild bei schwach erhöhtem Bedarf an verdaulichem Eiweiß der an Kalorien (Stärkewerten) höher anzusetzen ist. Bei den Nutztieren sind praktisch für jede Form der biologischen Leistungen die Bedarfsnormen bekannt und entsprechende Fütterungsempfehlungen für die verschiedensten Haltungsbedingungen niedergelegt. Beim Wild sind die „Haltungs“-bedingungen noch unterschiedlicher, wenn an so verschiedenartige Biotope wie etwa Tiefland, Marsch, Geest, Flußauen, Mittelgebirge und Hochgebirge gedacht wird. Dies betrifft natürlich nicht nur die freie Wildbahn, um die es in dieser Abhandlung nicht geht, sondern auch die in den genannten Bereichen liegenden Wildgehege der verschiedensten Größe und Widmung sowie Wildfütterungen. Es kommt noch hinzu, daß im Gegensatz zur Nutztierhaltung mit der, je nach Produktionsrichtung zweckmäßigsten Fütterung, in der Gehegehaltung meist alle Geschlechter und Altersklassen trotz verschiedenartiger Ansprüche das gleiche Futter erhalten. Bedauerlicherweise hat sich die Einrichtung von besonderen Kälber- und Frischlingsfütterungen noch nicht überall durchgesetzt. Dabei könnte man bei wachsenden Tieren durch hierfür geeignete Fütterungsgestaltung ihren Nährstoffansprüchen in solchen Einrichtungen am besten entsprechen. Auch findet man keineswegs überall geeignete Fütterungseinrichtungen. Unabhängig von konstruktiven Einzelheiten sollte zumindest in Gehegen gewährleistet sein, daß jedem Stück ein Futtertrog für das Kraftfutter und – für mehrere Tiere – ein hinreichend großer Platz – am besten Futtertisch – für die Aufnahme von Silage, Hackfrüchten und Heu zur Verfügung steht.

Kapitel 9 Futtermittel und ihre Anwendung

Ehe eine Reihe bewährter Futterkombinationen für in Gehege gehaltene Tiere angeführt und die ihnen zugrunde liegenden, noch recht unsicheren Bedarfsnormen mitgeteilt werden, noch einige Ausführungen über die wichtigsten Futtermittel außerhalb der Grünäsung. Nachdem das Grünfutter in einem besonderen Kapitel abgehandelt wird, soll im Rahmen der Futtergestaltung in diesem Abschnitt noch kurz auf die Futterkonservierung und die wichtigsten Gruppen der sog. Kraftfutter eingegangen werden.

Um auch in nährstoffarmen Zeiten — also vor allem im Winter und bei Gehegen auch über das ganze Jahr der jeweils vorhandenen Naturnahrung angepaßt — noch eine nährstoffreiche Fütterung gewähren zu können, ist es nötig:

1. in Zeiten des Naturfutterüberschusses durch geeignete Konservierung – Silage, Heu, künstliche Trocknung — für Notzeiten zu sorgen und
2. durch Reserven an lagerfähigem Material — Hackfrüchte — sowie
3. durch sinnvoll zusammengesetzte Kraftfutterkombinationen

eine Fütterung nach Art und Menge zu ermöglichen, die den Ansprüchen der jeweiligen, in Gehegen gehaltenen Tiere entspricht.

Für die Winterfütterung von Wiederkäuern ist in den letzten Jahren die Silage stark gegenüber der Heufütterung in den Vordergrund getreten. Die Gründe hierfür liegen bei sachgemäßer Gewinnung in besserer Erhaltung der Struktur und der Nährstoffe bzw. deren günstiger Umwandlung in vom Wiederkäuer nutzbare organische Säuren, in einer guten Erhaltung des Carotins (Provitamin A) und in der feuchten Beschaffenheit, wodurch ein Teil der notwendigen Wasserzufuhr schon damit gedeckt wird. Diese Eigenschaften lassen eine sorgfältig hergestellte Silage gerade in der Ernährung der wild – oder in Gehegen – lebenden Wiederkäuer als besonders geeignet erscheinen. Welche Materialien man zur Silierung verwendet, kann ebenso nur andeutungsweise erörtert werden wie die Bewertung der Silierverfahren und der Silobehälter. Zur Silierung eignen sich vor allem zuckerreiche Pflanzen, die möglichst in gehäckselter Form in den Silobehälter einzubringen sind. Dies sind vor allem Silomais, dann Zuckerrübenblätter und -köpfe sowie Naßschnitten und Kohlarten. Etwas weniger gut lassen sich vergären: Grüngetreide, Kleegras und Wiesengras, während schwerer vergärbar sind: junges Weidegras, Klee und alle Gemische mit hohem Anteil an Leguminosen. Junge Luzerne läßt sich nur sehr schwer silieren.

Da die Silierung in einer durch Bakterien hervorgerufenen Vergärung besteht, wobei nach Möglichkeit Milchsäurebakterien die besten Lebensbedingungen finden sollen, müssen diese geschaffen werden. Sie bestehen in geeignetem sauberen, zuckerreichen, gut zerkleinerten Siliermaterial, dessen wichtigste Pflanzen schon genannt wurden. Die Bedingungen, die der Gärfutterbehälter erfüllen muß, sind, gas- und wasserdicht zu sein. Von entscheidender Bedeutung für einen guten Silierverlauf ist eine möglichst vollständige Auspressung der Luft, die auf verschiedenen Wegen erreicht werden kann. Hinsichtlich der Brauchbarkeit, Konstruktion und Handhabung der sehr verschiedenartigen Silos muß auf das einschlägige Schrifttum und auf die örtlich zuständigen landwirtschaftlichen Beratungsstellen verwiesen werden.

Während der Nährstoffgehalt und damit weitgehend der Futterwert der Silage nur in Untersuchungsanstalten auf chemische Weise festgestellt werden kann, gibt es doch eine Reihe von Kriterien, die eine Beurteilung der Silage erlauben. Diese bestehen:

1. in der möglichst guten Erhaltung der *Struktur* des Silogutes, an der man noch das Ausgangsmaterial – die silierten Pflanzen – sollte erkennen können. Das Futter sollte nicht zu naß sein; ist es aber gar schmierig oder schleimig, dann sollte eine solche mißlungene Silage gar nicht oder nur in kleinen Mengen verfüttert werden.
2. Die Farbe hängt von den zur Silierung verwandten Pflanzen ab. Sie sollte aber gelblich grün bis olivgrün sein. Schlecht geratene Silage hat eine braune bis dunkelbraune Farbe; viel Essigsäure enthaltendes Gärfutter weist eine rein gelbe Farbe auf. Auch sie ist zur Verfütterung nicht gut geeignet.

3. Der Geruch eines gut geratenen Sauerfutters soll mild, säuerlich bis sauerkrautartig sein. Weist es einen stechenden Geruch nach Essig auf, dann ist der Gehalt an dieser Säure in der Silage zu hoch. Am wenigsten erwünscht ist das Vorkommen von Buttersäure. Man erkennt sie an ihrem Geruch nach ranziger Butter, den man am besten wie folgt feststellen kann: Man reibt eine kleine Probe der zu prüfenden Silage zwischen den Handflächen bis sie sich dabei erwärmt hat. Riechen die Handflächen nach Entfernung der Probe nach ranziger Butter, dann enthält dieses Gärfutter Buttersäure. Die Gärung ist unerwünscht verlaufen. Ein derartiges Gärfutter sollte nicht verfüttert werden. Mitunter hört man, daß nach der angeführten Sinnenprüfung schlechte Silage vom Wild gern aufgenommen wird. Ob sie dem Tier auch nützt, ist sehr fraglich. Man sollte sich vielmehr bemühen, alles an eine beste Silierung zu setzen.

Eine ältere und mit Recht auch jetzt noch im größten Umfang angewandte Methode der Futterkonservierung ist die Heuwerbung. Ähnlich wie im vorstehenden Kapitel gibt es auch für die Heugewinnung so viele Faktoren zu beachten, daß diese hier unmöglich alle erörtert werden können. Es muß deshalb auch hier auf die einschlägige Literatur sowie auf die Beratung durch die zuständigen Landwirtschaftsämter verwiesen werden.

Entscheidend für die Qualität des Heues ist der Zeitpunkt der Ernte. Bis zur Blüte nimmt der Eiweißgehalt der Futterpflanzen zu, danach ab, während es sich beim Gehalt an – schwer verwertbarer – Rohfaser umgekehrt verhält. Daraus ergibt sich, daß das zur Heugewinnung vorgesehene Grünfutter bis spätestens während der Blüte gemäht werden sollte. Bei Heuerzeugung sollten nach Möglichkeit Verluste vermieden werden. Diese bestehen in Verlusten durch Atmung, Abbröckeln, Auswaschen und „Schwitzen". Zur Verringerung dieser Verluste sollte die

1. Anfangstrocknung möglichst rasch erfolgen,
2. möglichst wenige Arbeitsgänge vorgenommen und
3. durch Einbringen eines schon möglichst trockenen Heues in den Heustock, die in diesem auftretenden Temperaturen gering gehalten werden.

Zur Beurteilung der Heuqualität ist eine Reihe sog. Bewertungsschlüssel vorgeschlagen worden. Sie bestehen meist in einer Sinnenprüfung, der Ermittlung minderwertiger oder schädlicher Pflanzenarten und der chemischen Analyse, in der u. a. auch der Mineral- und Vitamingehalt mit festgestellt werden kann.

Hier soll nur kurz auf die Sinnenprüfung eingegangen werden. Beurteilt wird nach Fakten wie:

1. *Aussehen:*	natürliche Heufarbe, nicht verfärbt; etwas verfärbt bis verbrannt oder verschimmelt bzw. verschmutzt.
2. *Geruch:*	guter Heugeruch, fad bis geruchlos; muffig oder faulig.
3. *„Griff":*	weich und zart, blattreich, ohne harte Stengel; noch blätterreich, etwas hart; rauh, viele harte Stengel bis viele verholzte Stengel; feucht bis naß.
4. *Verunreinigungen:*	wie z. B. durch Erde, Staub und Stroh.

In den letzten Jahrzehnten sind Verfahren zur künstlichen Trocknung von Gras und ähnlichen Materialien entwickelt worden. Die hierbei gewonnenen Produkte werden meist gemahlen und als – strukturarme – sog. Grünmehle in den Handel gebracht. Im überwiegenden Maß werden sie dann als willkommene Komponenten für die Mischfutterherstellung eingesetzt.

In der jüngsten Zeit werden in einer Reihe von Grünfuttertrocknungsanlagen sogenannte „Grüncobs" hergestellt. Hierzu wird das Gras oder anderes geeignetes

Material in natürlichem Zustand geerntet, zur Trocknungsanlage geliefert, dort auf Längen bis zu 10 cm gehäckselt, bis zu rund 14 Prozent Wassergehalt getrocknet und anschließend zu sogenannten „Cobs" gepreßt. Je nach Beschaffenheit des Ausgangsmaterials ist in diesen „Cobs" weitgehend dessen Nährwert und – was besonders vorteilhaft erscheint – auch die zum Wiederkauen anregende Struktur erhalten geblieben. (Näheres siehe „Die Pirsch", 67.)

Wir glauben, daß diese „Grüncobs" auch für die Wildfütterung dann recht gut geeignet sind, wenn das Ausgangsmaterial möglichst langfaserig gehäckselt wurde.

Eine weitere bedeutende Gruppe von Futterstoffen stellt das Saftfutter dar. Hierzu rechnet man neben Silage alle Arten von Rüben, rohe Kartoffeln und eine Reihe von wasserreichen Industrieabfällen.

Man kann das Saftfutter in der Winterfütterung als Ersatz für die sommerliche Grünäsung ansehen. Es ist allerdings darauf hinzuweisen, daß, mit Ausnahme gut gelungener Silage, die sonstigen Vertreter dieser Futtermittelgruppe bei wenig Trokkensubstanzgehalt arm an Mineralstoffen und Vitaminen sind.

In der Wildfütterung werden Rüben gern verwendet. Die sehr gut verdauliche Trockensubstanz besteht fast nur aus kalorisch verwertbaren Kohlehydraten. Von einer weitgehenden Verfütterung von Rüben – auch Futterzuckerrüben – ist indes abzuraten, weil im Hinblick auf ihren geringen – und ernährungsphysiologisch nicht besonders wertvollen – Roheiweißgehalt ein Ausgleich sonst nur durch Gaben von mehr Trockensubstanz und verdauliches Eiweiß enthaltenden Futtermitteln geschaffen werden kann.

Angesichts der verschiedenartigen Rübensorten ist von Interesse, wie hoch ihr Futterwert einzustufen ist. Den höchsten Wert besitzen Zuckerrüben, den niedrigsten Kohlrüben, von denen 5 kg etwa 2 kg Zuckerrüben entsprechen. Dazwischen liegen Futterzucker- und – etwas weniger gehaltvoll – die sogenannten Gehaltsfutterrüben.

Selbstverständlich sind auch andere Wurzel- und Knollenfrüchte für die Wildfütterung gut verwendbar, so z. B. Möhren (Futterkarotten) und Futterkartoffeln. Letztere kann man roh, gedämpft oder als Silage verabfolgen. In Rübenanbaugebieten fallen oft in großen Mengen Rübenblätter und -köpfe an, die man frisch oder siliert verfüttern kann. Bei der Verarbeitung der Zuckerrüben werden in großem Umfang Rübenschnitzel als Nebenprodukt gewonnen. Für die Wildfütterung kommen sie am besten in getrocknetem und damit gut lagerfähigem Zustand in Betracht.

Weitere Nebenprodukte landwirtschaftlicher Industrien sind die aus der Brennerei stammenden, sehr wasserreichen und deshalb leicht verderblichen, kohlehydratarmen Schlempen.

Man sollte sie auch an Wild warm verfüttern und zur Ergänzung ihres geringen Gehaltes an Trockenmasse noch Sommerstroh und Gras verabreichen. Prinzipiell gleiches gilt für die aus dem Brauereibetrieb stammenden Treber. Ihre Haltbarkeit ist wegen des hohen Wassergehaltes schlecht. Sie werden deswegen gepreßt oder siliert.

In der Wildfütterung werden – offenbar wegen ihres diätetischen Wertes und Feuchtigkeitsgehaltes – frische und noch mehr silierte Apfeltrester gelobt. Ihr eigentlicher Nährwert ist gering.

Nun zur großen, sehr differenzierten Gruppe der Handelsfuttermittel. Verständlich ist, daß auch hier der interessierte Leser auf das einschlägige Schrifttum verwiesen werden muß. In der genannten Gruppe finden sich Körnerfrüchte, Samenkörner und ähnliche Früchte sowie die Nebenerzeugnisse der Mehl- und Schälmüllerei, der Zuckergewinnung aus Rüben, der Gärungsgewerbe, der Stärkefabrikation und Rückstände aus der Öl- und Fettgewinnung aus pflanzlichen Rohstoffen. Zu ihr rechnet man weiter Futtermittel tierischer Herkunft, Mineralstoffe als Futtermittel sowie Stoffe mit Sonderwirkungen, wie sie in der Nutztierfütterung Verwendung finden.

Während die Nebenprodukte der Rübenzuckerherstellung sowie der Gärungsgewerbe bereits weiter vorn kurz besprochen wurden, sei hier einiges Wissenwertes über die anderen o. a. Futtermittel angeführt. Für die Körnerfrüchte, Samenkörner und ähnlichen Früchte gilt allgemein, daß vorzugsweise die stärkemehlreichen Früchte der Getreidearten und die proteinreichen Hülsenfrüchte auch in der Fütterung des Wildes Verwendung finden. Es handelt sich bei ihnen um konzentrierte, nährstoffreiche Futtermittel — eben sogenannte Kraftfuttermittel — mit hoher Verdaulichkeit bei geringem Volumen. Der Gehalt an Rohfaser ist i. a. gering; er ist höher bei den Schalen und Spelzen. Der Mineralstoffgehalt ist charakterisiert durch wenig Calcium, viel Phosphor und reichlich Kalium, Magnesium sowie Spurenelemente.

Von den einzelnen Getreidearten wird vom Wild ausgesprochen gern der rohfaserarme, an leicht verdaulichen, energiereichen Nährstoffen besonders reiche Mais aufgenommen.

Von den anderen, an sich auch zur Wildernährung brauchbaren, Getreidearten – Weizen, Roggen, Gerste, Hafer – sollen hier nur noch Gerste und Hafer genannt werden. Erstere wird gern in der Fütterung der Wildschweine, Hafer bei Wildpferden und bei Wildwiederkäuern verwendet.

Die Körner der Hülsenfrüchte werden als eiweiß- und stärkereich (Bohnen, Erbsen, Wicken) oder z. T. als sehr fettreich (Sojabohnen, Ölupinen) auch in der Wildernährung sehr geschätzt. Bei den genannten fetthaltigen Leguminosen wird allerdings vor der Verwendung als Futtermittel noch das enthaltene Öl meist durch Extraktion entzogen.

Die fettreichen Ölsaaten werden als solche kaum in der Tierernährung eingesetzt; es wird ihnen durch Pressen oder durch Extraktion mit Benzin das Fett bzw. Öl entzogen, das dann seinerseits z. B. in der Margarineindustrie eingesetzt wird. Die *Preßrückstände* werden Ölkuchen genannt. Sie sind wegen ihres noch verhältnismäßig hohen Fettgehalts kalorienreich, aber auch gegen Oxydationsvorgänge bei unsachgemäßer Lagerung oder langen Transportwegen empfindlich; sie werden ranzig, ihre Aufnahme wird dann von den Tieren verweigert. Die *Extraktionsschrote* enthalten nur noch Rohfettgehalte von weniger als 1 Prozent, sie sind durch die Fettextraktion kalorienärmer, aber relativ eiweiß- und mineralreicher geworden.

Die Rückstände sind, wenn das Öl durch Pressen entfernt wurde, noch recht fettreich. Von derartigen Preßkuchen (Expellern) werden in der Ernährung von Wildwiederkäuern nach den sehr guten Erfahrungen Vogts im Gatter Schneeberg auch heute noch sehr gern Sesamkuchen (= Sesamexpeller) verwendet. Sie enthalten je nach den Bedingungen beim Pressen zwischen 6 bis 12 Prozent Rohfett; sie sind damit bei sehr gutem Gehalt an leicht verdaulichem Eiweiß und einem günstigen Verhältnis des Calciums zum Phosphor hoch energiereich. Ein u. U. sehr erheblicher Nachteil muß allerdings in der Empfindlichkeit des hohen Fettgehalts in Richtung Ranzigwerden gesehen werden. Diese Verderbnis — „Ranzidität" — kann nach langem Aufenthalt und schlechten Lagerungsbedingungen bei hohen Temperaturen sehr leicht eintreten. Nach nicht verständlichem Handelsbrauch gibt man bei Ölkuchen die Gehalte an Eiweiß und Fett als Summe an. Ein Unsinn, der durch nichts gerechtfertigt ist außer, daß damit eine hohe Zahl, wie z. B. „Eiweiß + Fett = 52,1 Prozent angegeben werden kann! Der Interessent braucht aber *getrennte* Angaben nach dem Gehalt an Rohprotein und Rohfett. Beide Stoffgruppen haben ja schließlich andere ernährungsphysiologische Aufgaben!

Von den zahlreichen anderen Rückständen der Öl- und Fettfabrikation sollen hier nur einige genannt werden, die gern in der Wildernährung verwandt werden. Es sind dies praktisch die gleichen, die hauptsächlich als Kraftfutter für Milchkühe in der

Viehfütterung eingesetzt werden. Während sie dort sowohl in ungepreßter Form als auch pelletiert verwendet werden, hat sich in der Wildfütterung die Verabfolgung in der gleichen Zusammensetzung, jedoch in Preßform, durchgesetzt. Man kann diese mais- und haferkorngroß hergestellten Pellets gut mit Mais- und/oder Hafer-Körnern mischen, ohne eine Entmischung befürchten zu müssen.

Im allgemeinen werden verschiedene Rückstände der Ölgewinnung zusammen mit Nebenprodukten aus der Müllerei (den verschiedenen für den menschlichen Verzehr nicht mehr geeigneten sog. Nach- und Bollmehlen) und den verschiedenen Kleien sowie Vitamin- und Mineralmischungen in solchen Verhältnissen industriell gemischt, wie sie für die gewünschten Fütterungszwecke bei den verschiedenen Tierarten in Frage kommen. Meist werden sie unter Verwendung von etwas Melasse und sogenannten Preßhilfsmitteln wie z. B. Bentonit zu Preßlingen mit verschiedenem Durchmesser verpreßt. Als Komponenten dienen von seiten der Ölsaat-Rückstände Extraktionsschrote von z. B. Soja, Erdnuß, Kokos, Palmkern und Sesam. Ein Vorteil muß noch bei diesen industriell hergestellten Mischfuttern darin gesehen werden, daß ihnen die zur Herstellung optimaler Ernährungsverhältnisse notwendigen Mineralstoffe und Vitamine – und gegebenenfalls auch Medikamente – zugemischt werden können.

Von den Futtermitteln tierischen Ursprungs sind anzuführen:

1. Milch und Milchprodukte
2. Fleisch und andere für die menschliche Ernährung nicht geeignete Tierkörperteile sowie
3. aus Meerestieren gewonnene Futtermittel.

In der Wildernährung werden von den unter 1. genannten Produkten sogenannte Milchaustauscher für die mutterlose Aufzucht von Kälbern, Kitzen und Saugferkeln angewandt. Meist wird hierzu eine energetisch durch Futterfette und ergänzungsmäßig durch Mineralstoffe und Vitamine sowie durch Zusatz von antibiotisch wirkenden Stoffen aufgewertete Trockenmagermilch verwandt. In einem eigenen Kapitel wird UTE DRESCHER-KADEN über diesbezügliche Erfahrungen berichten.

Fleisch- und Schlachthausabfälle werden frisch nicht allzu selten an Wildschweine verfüttert. Hierbei ist auf hygienische Unbedenklichkeit zu achten. Auch muß berücksichtigt werden, daß z. B. in Schaugattern Geruchsbelästigungen auftreten können. Meist werden die oben genannten Materialien, zu denen auch noch Blut zu rechnen ist, getrocknet. Sie kommen dann als Fleischmehle und Tierkörpermehle in den Handel. In der Wildernährung werden sie gelegentlich im Mischfutter für Schweine verwendet. Schlachtfette, wie Rindertalg und Schweineschmalz, werden meist im Gemisch und durch Zusatz von Antioxydantien (chem. Verbindungen, die ein Ranzigwerden verzögern) in der Tierernährung zur energetischen Aufwertung der Mischfutter und der Milchaustauschfutter eingesetzt. In der Wildernährung könnten sie vielleicht in geeigneter Weise mit pflanzlichen Ölen gemischt und durch Zusatz von Antioxydantien vor Ranzigwerden geschützt, die – durch Ranzidität gefährdeten – Ölkuchen ersetzen.

Meerestiere liefern ernährungsphysiologisch wertvolle, eiweißreiche Produkte wie Fischmehle, die etwa den Tierkörpermehlen entsprechen. Sie werden, wenn überhaupt, in der Wildernährung, in der Fütterung der Schweine und des Geflügels innerhalb gewisser Mischfuttertypen eingesetzt.

Mineralstoffe und Vitamine

Auch in der Wildernährung, vor allem in Gehegen und bei der Winterfütterung, sollte auf eine zusätzliche Verabfolgung von Mineralstoffen nicht verzichtet werden. Dies liegt daran, daß trotz zu fordernder sinnvoller Düngung der Wiesen und Weiden und sonstiger Verbesserung der Naturäsung der Wildbesatz immer höher in Gehegen ist als in der sogenannten freien Wildbahn. In der Hauptsache werden Gemische aus phosphorsaurem Futterkalk, Kochsalz, Verbindungen des Magnesiums und der sogenannten Spurenelemente (meist Zink, Kupfer, Kobalt) gegeben. Diese werden vielfach in die industriell hergestellten Mischfutter eingebracht. Nur zu Zeiten höheren Mineralstoffbedarfes z. B. bei beschlagenen Tieren und Hirschen etwa ab Ende Januar sind zusätzliche Gaben — ca. 25 g pro Tier und Tag — eines handelsüblichen Mineralfutters für Rinder nach DLG-Standard empfehlenswert. Man verteilt sie am besten auf die Tagesration Silage oder man gibt sie – unökonomisch – zusammen mit dem Kraftfutter. Näheres über die Bedeutung der Mineralstoffe für das Wild kann aus einem jüngst erschienenen Aufsatz von DRESCHER-KADEN (16) entnommen werden. Von den mit dem Futter zusätzlich zu verabfolgenden Vitaminen bzw. ihren Vorstufen spielen in der Wildernährung beim Wiederkäuer nur die Vitamine A und D und ggf. E, bei den Nichtwiederkäuern, wie Schwein und Geflügel, Tarpan sowie Raubtieren noch die Vitamine B_2, evtl. B_{12} und Pantothensäure eine Rolle. Die genannten Wirkstoffe werden im allgemeinen in die industriell hergestellten Mischfutter eingemischt. Man kann sie als „Sicherungszusätze“ betrachten, wenn die sonstige Fütterung in Ordnung ist. Nähere Ausführungen siehe bei BRÜGGEMANN und DRESCHER-KADEN (8,9).

Noch ehe anschließend eine Reihe bewährter Futterrezepturen mitgeteilt wird, einige Vorbemerkungen.

Weiter vorn wurde ausgeführt, daß für unser Wild keine sicheren Bedarfsnormen bekannt sind, daß aber nach bisherigen Untersuchungen Analogieschlüsse vom domestizierten Wiederkäuer zum im Gehege gehaltenen – „halbdomestizierten“ – und – für die Winterfütterung – m. o. w. auch für den freilebenden Wiederkäuer gezogen werden können. Prinzipiell ähnliches gilt für die Schweine und für das Geflügel. Wenn also im folgenden „Bedarfsnormen“ angegeben werden, so sollen diese nicht mehr als nur Richtwerte sein. Sie sollen es ermöglichen, je nach örtlichem Futterangebot, dies unter Einbeziehung geeigneten Ergänzungsfutters möglichst optimal zu gestalten.

Dabei sind eine Reihe ernährungsphysiologischer Grundregeln zu beachten: wachsende und tragende Tiere benötigen relativ mehr Eiweiß als Energieträger, wie z. B. Kohlehydrate und Fette; sie brauchen weiterhin — wie auch die Trophäenträger — mehr Mineralstoffe. In den harten Wintern wird man ein kalorienreicheres Futter (ein solches mit mehr Stärkeeinheiten) geben. Man hat auch den — ohne chemische Analyse sehr schlecht abzuschätzenden — Nährwert der Naturäsung und ihrer Konservierungsprodukte — Silage, Heu — sowie den der u. U. verabfolgten Hackfrüchte (Rüben, Möhren, Kartoffeln) zu veranschlagen, um den Zukauf hochwertiger Handelsfuttermittel entsprechend ernährungsphysiologisch und ökonomisch vorzunehmen.

Im Literaturverzeichnis ist eine Reihe von einschlägigem Schrifttum angeführt, dessen Studium empfohlen wird. In ihm finden sich auch u. a. Angaben über Zusammensetzung und Nährwert der wichtigsten, in der Nutztierernährung angewandten Futtermittel. Aus ihnen lassen sich über Zugrundelegung der im folgenden angegebenen „Bedarfsnormen“ Rationen zusammenstellen, die in den vorstehend geschilderten Situationen eine brauchbare Ernährungsgestaltung ermöglichen. Fast alle üblichen Fütterungsempfehlungen für das Wild sind lediglich auf dessen Winterfütterung abgestellt.

Wechselflächen — Schälen

Nachdem aber bei den Wildgehegen – auch in den grünfutterreichen Monaten – keineswegs immer die Futterfläche für den Schalenwildbestand ausreicht und sie u. U. im Laufe der Jahre durch intensives selektierendes Beäsen an Futterwert verliert, sollten nicht nur hinreichend große und gepflegte Wechselflächen zur Verfügung stehen, sondern auch gegebenenfalls für ein für Rinder entwickeltes sogenanntes Weidebeifutter Sorge getragen werden. Bekanntlich weisen die jungen Gräser bei hohem Eiweißgehalt beste Verdaulichkeit auf. Sie erfordern darüber hinaus, wie alle weichen, leicht verdaulichen und – bei Pellets – rasch im Pansenmilieu in ihre Ausgangsbestandteile zerfallenden Futterstoffe keine Kau- und Wiederkauarbeit und ebensowenig das eigentliche Wiederkauen mit seinen motorischen und sekretorischen Begleitvorgängen. Diese „Ausfallserscheinungen“ führen zu rasch einsetzenden umfangreichen Gärungsvorgängen im Pansen unter Bildung reichlicher Mengen organischer Säuren, die wegen der nicht mehr „nötigen“ Wiederkautätigkeit und deshalb mit ihr ausbleibenden Sekretion des alkalischen Speichels nicht neutralisiert werden und zum klinischen Bild der Pansen-„Übersäuerung“ führen. Als Anregung seiner Pansenmotorik und zum Wiederkauen – verbunden mit wieder in Gang kommender Speichelsekretion – schält das Wild – übrigens auch der Hauswiederkäuer in vergleichbaren Situationen und wenn sie Gelegenheit zum Schälen haben –. Dies ist eine von uns schon 1960 mitgeteilte Hypothese, gestützt durch Erfahrungen, die Bubenik, Lindner, König und Ueckermann mit der Verfütterung von Silage gemacht hatten. Mit Verabfolgung von Silage war es nämlich zu erheblichem, statistisch gesichertem, Rückgang der Schälschäden gekommen. Silage ist eines der wenigen Futtermittel, das neben Struktur und Textur auch noch Feuchtigkeit – wie das Cambium der Rinde – mitbringt. Hierdurch ergibt sich die Notwendigkeit des Zerkleinerns, wodurch das Wiederkauen wieder in Gang kommt. Die Silage entspricht etwa dem Material – Rinde von Weichhölzern, Knospen –, das das Rotwild bei seinen Wanderungen aus äsungsarmen Gebieten im Winter in noch nahrungsspendende Flußauen oder andere Niederungen aufnahm und im Winter verzehren würde, wenn es dazu Gelegenheit hätte.

Die oben geschilderten Zusammenhänge sind sicherlich nur *eine* Ursache des Schälens. Andere werden Hunger sein, Beschäftigungstrieb, Langeweile oder Abreaktionen. Jedenfalls ergibt sich aus diesen Vorstellungen die Notwendigkeit, dem wiederkauenden Wild auch im Gehege als Ausgleich zur Frühjahrs- und Sommeräsung die Möglichkeit zur Aufnahme von Rauhfutter und Proßholz zu verschaffen.

Man sollte es im Sommer mit übriggebliebenem, noch gutem Heu oder gutem Futterstroh, lang gehäckselt, auch mit in Wasser gequollenen Futterschnitzeln sowie Proßholz versuchen.

Ob und gegebenenfalls welches handelsübliche „Ergänzungsfutter bei Weidegang und Grünfutter“ sich für in Gehegen gehaltenes wiederkauendes Schalenwild eignet, muß vom Tierbetreuer selbst geprüft werden.

Fütterungsempfehlungen

Nun zu den Fütterungsempfehlungen:

Rotwild. Die Angaben gelten pro 100 kg Lebendgewicht und Tag. Richtwerte für den „Erhaltungsbedarf“:

ca. 50–60 g verdauliches Eiweiß (entspricht etwa 120–150 g Rohprotein)
500–800 Stärkeeinheiten.

Als *Herbstfütterung*, beginnend etwa ab September, gibt man steigernd bis etwa November 100 bis 200 g Mais oder Hafer oder 50 bis 100 g eines handelsüblichen, industriell hergestellten gepreßten Milchleistungsfutters mit höchstens 16 Prozent Rohprotein. Dazu je nach Aufnahme und Verfügbarkeit Futterzuckerrüben, Mohrrüben, Fallobst, Proßholz.

Bei der *Winterfütterung* des wiederkauenden Schalenwildes gibt es grundsätzlich drei Futterkomponenten: Saftfutter, Rauhfutter und Kraftfutter.

Es eignen sich als *Saftfutter:* gute Silage, Futterrüben, Futtermöhren, Kartoffeln, Fallobst. Als *Rauhfutter:* Heu oder Grummet, Proßholz. Als *Kraftfutter:* Mais, Hafer, Eicheln, Zuckerrübenschnitzel, Grünmehlpellets, Luzerneheupellets, industriell hergestellte Mischfutter und – wenig empfehlenswert – selbst hergestellte Mischungen aus Nebenprodukten der Ölsaatenverarbeitung der Müllerei mit Mineralstoffen und Vitaminen. Dagegen können selbst hergestellte, dem natürlichen Äsungsangebot, der jeweiligen Bedarfssituation und Tierart angepaßte Ergänzungsfutter durchaus brauchbar sein und allerdings bei hohem Arbeitsaufwand eine m. o. w. individuelle Fütterung ermöglichen.

Als brauchbare Fütterungsbeispiele für die Winterfütterung des Rotwildes sollen folgende angeführt werden:

Nach DJV-Handbuch (14) je Futtertag pro 100 kg Lebendgewicht

1. 4,0 kg Silage und/oder Futterrüben, gutes Heu oder Gemenge nach Bedarf; ausreichend bei vorhandenen Winteräsungsflächen.
2. 4,5 kg Silage und/oder Futterrüben,
   1,0 kg Eicheln oder Roßkastanien oder
   0,5 kg sonstige Kraftfuttermittel, ausreichend bei sonst noch guten Äsungsverhältnissen (Kräuter, Sträucher, Niederwald).
3. 6,0 kg Silage und/oder Futterrüben
   1,0 kg Eicheln oder Roßkastanien
   0,8 kg industriemäßig hergestelltes Kraftfutter (Mischfutter).

Beides entspricht einer Vollversorgung. In allen Fällen ist Heu oder Grummet und Laubheu nach Bedarf vorzulegen.

Empfehlung für Rotwild-Winterfütterung nach UECKERMANN (85): „Der Erhaltungsbedarf je Tag und Stück hat einen Futterwert von rund 200 g verdaulichem Eiweiß und 1000 Stärkeeinheiten. Als Beispiele für Tagesfutterrationen sind anzuführen:

1. 5,0 kg Gehaltsrüben als Saftfutter (zerstoßen)
   0,7 kg industriell hergestelltes Kraftfutter, Preßlingsdurchmesser 10 bis 20 mm
2. 4,0 kg Zuckerrüben als Saftfutter
   0,5 kg industriell hergestelltes Kraftfutter, Preßlingsdurchmesser 10 bis 20 mm
3. 5,0 kg Silage als Saftfutter
   0,7 kg Kraftfutter in Form von Hafer oder Eicheln oder Kastanien

   Heu ist nach Bedarf vorzulegen, 0,5 kg sind bei den Rationen berücksichtigt."

Bewährt hat sich folgende Gestaltung der Winterfütterung, wie sie von LINDNER im Großgehege Thiergarten praktiziert (mündliche Mitteilung):

5,0 kg Silage aus Zuckerrübenblättern und -köpfen oder
4,0 kg Silage wie oben, dazu
1,0 kg Silage aus gedämpften Kartoffeln, dazu
1,5 kg handelsübliches Milchleistungsfutter mit 20 Prozent Rohprotein und mindestens 600 Stärkeeinheiten pro kg, dazu 20 g „Algomin", ein sonst als Düngemittel verwandtes, aus getrockneten Algen hergestelltes Präparat.

Eine ähnliche Zusammensetzung weist die im Großgehege Schönbuch bei Tübingen (Gehegeforstamt Bebenhausen) verwandte Winterfütterung auf. Es werden nach Angaben von Forst-Dir. Dr. BAUMANN (Jahrestagung des „Vereins Deutsche Wildgehege", 1972, Kloster Bebenhausen bei Tübingen) pro Stück Rotwild und Tag verabfolgt.

Dortiger Bericht:

	g	%
Hafer	450	30
Weizenkleie	150	10
Leinkuchenmehl	150	10
Malzkeime	150	10
Mais, gebrochen	150	10
Melasseschnitzel	150	10
Sojaschrot	120	
Sesam-Expeller	100	15
Erdnuß- oder Kokosschrot	80	5
Insgesamt	1500	100

Hierzu werden 30 g Vitamin-Phosphorkalk-Präparat „Viphoskal" sowie 100 g „Algomin" (Algenpräparat mit Spurenelementen) gegeben. An *Saftfutter* werden 5 kg je Fütterungstag verabfolgt, und zwar neben Futterrüben in zunehmendem Maße Silage aus Zuckerrübenblättern, gehäckseltem Milchmais, Apfeltrester, gutem Wiesengras oder Öhmd. Letzteres kann nach Rückgang der Wilddichte und Verbesserung der Talwiesen nun auch in Gehegen gewonnen werden. In zwei Silos wird Biertreber siliert. Es ist mit Sicherheit zu erwarten, daß die Silo-Saftfütterung die Schälschäden auf ein Mindestmaß reduzieren wird.

Versuche mit geringer Sommer-Zufütterung werden in diesem Jahr wiederholt.

Aus eigenen Erfahrungen in Gehegeversuchen und aus solchen der Winterfütterung im Hochgebirge können wir folgende Rationsgestaltung empfehlen:

5,0 kg Silage (möglichst Maissilage), dazu Heu oder Grummet, soviel als aufgenommen wird, dazu

0,5 kg – 0,75 kg – 1,2 kg einer Mischung aus 1/4 Teil des handelsüblichen, auf 7 bis 8 mm Korngröße gepreßten Milchviehleistungsfutters C nach DLG-Standard IV mit mindestens 32 Prozent Rohprotein, mindestens 600 StE/kg, maximal 8 Prozent Rohfett sowie 3 bis 4 Prozent vitaminierte (A, D, E) Mineralstoffmischung enthaltend; dazu in Teilen: 1/2 Körnermais, unzerkleinert, und 1/4 Hafer. Dazu ab Januar je Tier und Tag 25 bis 50 eines ebenfalls handelsüblichen „Mineralfutters für Rinder nach DLG-Standard", das man am zweckmäßigsten auf die Silage verteilt.

Die erwähnte Dreiteilung der Kraftfutterkomponenten erlaubt ernährungsphysiologische Variationen. Wachsende Tiere sollten etwas mehr von dem eiweißreichen Milchleistungsfutter erhalten, sofern dies durch eigene Kälberställe ermöglicht werden kann. Ist der Winter mild, kann man die Gaben an Mais herabsetzen. Ist der Winter sehr streng oder durch nasse Kälte und Wind wärmeableitend, dann wird man den wichtigsten Energieträger – Mais – vermehrt verabfolgen. Es sollte also im ersteren Falle ein engeres Nährstoffverhältnis (verdauliches Eiweiß zu StE), im letzteren ein weiteres gewährt werden.

Ist keine Silage verfügbar, dann können an deren Stelle Rüben, am vorteilhaftesten, aber auch am teuersten, Zuckerrüben oder Futterzuckerrüben in etwa gleichen Gewichtsmengen verfüttert werden.

Weit besser als bei den Fütterungen in der freien Wildbahn lassen sich in Gehegen die ernährungsphysiologischen Erfordernisse berücksichtigen. Dies gilt nicht nur für die Fütterung des Rotwildes und verwandter Spezies, sondern auch für alle anderen *in Gehegen gehaltenen Tierarten.*

Für die Fütterung des Damwildes in Gehegen können unbedenklich die gleichen Rationen verwendet werden, nur sollten sie wegen des geringeren Bedarfs mengenmäßig herabgesetzt werden. Man kann den „Erhaltungsbedarf" für 100 kg Damwild und Tag wie beim Rotwild angegeben veranschlagen, d. h., daß man die für das Rotwild angegebenen Mengen entsprechend reduziert (vergleiche Gewichtstabelle).

Gleiche Überlegungen gelten für Rehwild. Den „Erhaltungsbedarf" sollte man für 100 kg Rehwild wegen der relativ höheren Körpergröße um ca. 40 Prozent höher als beim Rotwild veranschlagen. D. h. man müßte die Fütterungsempfehlungen für Rotwild beim Rehwild auf maximal ein Drittel „reduzieren".

Für exotische Hirscharten kann man die gleichen Futtermittel und -mischungen verwenden; ihre Menge ist nach Größe und Gewicht im Vergleich zum Rotwild abzuschätzen.

Bei der Fütterung von Muffelwild in Gehegen kann man als „Erhaltungsfutter" einen Richtwert von rund 60 g verdaulichem Eiweiß und rund 400 StE/kg als *Durchschnitt* für Widder, Schafe und Lämmer einsetzen.

Nach Ueckermann (85) gibt man pro Tier Tagesrationen von:

1. 1,5 kg Gehaltsrüben (zerstoßen)
   0,3 kg industriell hergestelltes Kraftfutter, Durchmesser der Preßlinge 8 bis 15 mm oder
2. 1,5 kg Gehaltsrüben (zerstoßen)
   0,3 kg Kraftfutter (Hafer, Mais) oder
3. 1,5 kg Gehaltsrüben (zerstoßen)
   0,5 kg Kraftfutter (Eicheln, Kastanien) oder
4. 1,0 kg Silage
   0,5 kg Kraftfutter (Kastanien, Eicheln)
   Heu ist jeweils nach Bedarf vorzulegen und in den o. a. Rationen mit 0,2 kg berücksichtigt.

Gamswild, das in einem über 1000 m hohen Versuchsgatter gehalten wurde, nahm nach Angaben von Nerl, zitiert bei Ueckermann (85) folgende Futterstoffe auf:

Grummet und Heu von jeweils bester Qualität. Als Saftfutter wurden verzehrt Rüben, als Kraftfutter Hafer, Sojaschrot und getrocknete Rübenblätter. Silage wurde ebensowenig genommen wie Weizen, Gerste und Malzkeime. Diese Materialien wurden von Mitte Dezember bis Mitte April gegeben. Die gleichen Futtermittel dürften auch bei der Gehegehaltung im Sommer – soweit dann verfügbar – neben Weidegang gegeben werden. Über weitere, in der Wildbahn beliebte Äsungspflanzen s. Nerl (27) und Knaus (46).

Über die Fütterung seltener, in europäischen Wildgehegen gehaltener, Wiederkäuer sowie von Fleischfressern informiert man sich am besten bei den Fachleuten der zoologischen Gärten. Als einschlägiges Schrifttum kann außerdem Krumbiegel (49) angeführt werden.

Verhältnismäßig einfach ist die Fütterung des Schwarzwildes. Als Durchschnittswerte für die „Erhaltung" von 60 kg schweren Sauen können 80 g verdauliches Eiweiß und 550 g „Gesamtnährstoff" angesehen werden.

Nur ein Teil des Nährstoffbedarfes wird aus dem Gehege selbst über die m. o. w. vorhandene Naturäsung gedeckt werden können. Es ist also in jedem Fall – entsprechend den örtlichen Gegebenheiten – ganzjährig hinzuzufüttern.

Bewährt haben sich hierbei Körnerfrüchte wie Mais, Gerste, Hafer sowie industriell hergestelltes Mischfutter, tierisches Eiweiß in Form von Aufbrüchen und Fleischresten, Rübenschnitzel, Eicheln.

Als ausreichend werden angesehen:

1. 1,5 kg Zuckerrüben (zerkleinert),
   0,5 kg Mais;
2. 2,0 kg Gehaltsrüben (zerkleinert),
   0,6 kg Gerste;
3. 2,0 kg Gehaltsrüben (zerkleinert),
   0,5 kg „Zuchtsauen-Ergänzungsfutter" nach DLG-Standard;
4. 2,0 kg Kartoffeln,
   0,5 kg Schweinemast-Alleinfutter;
5. 1,0 kg Getreide (Mais oder Gerste),
   0,325 kg Eiweiß-Konzentrat für Schweine nach DLG-Standard.

Sind getrennte Frischlingsfütterungen („Frischlingsrechen") vorhanden, kann man die Nahrungsanspüche dieser rasch wachsenden Tiere mit besonderen Rationsgestaltungen erfüllen.

Zu nennen wäre hier ein handelsübliches „Mischfutter für Saugferkel nach DLG-Standard". Es ist eine Ration mit mindestens 20 Prozent Rohprotein, mit Mineralstoffen, insbesondere Eisen und mit den Vitaminen A, D, B_2 und Nikotinsäure. Es wurde entwickelt, um die Ferkel (Frischlinge) rechtzeitig an das Fressen zu gewöhnen. Man verabfolgt das obige Mischfutter – evtl. mit Maiskörnern vermischt – bereits ab der 2. Lebenswoche. Am Ende der 5. Lebenswoche geht man dann allmählich zur Fütterung mit einem „Ferkelaufzuchtfutter" über. Nach DLG-Standard enthält dies einen Gehalt an Gesamtnährstoffen von mindestens 650 g je kg bei mindestens 16 Prozent Rohprotein. Es enthält neben den schon oben genannten Spurenelementen und Vitaminen auch Calcium und Phosphor sowie Natrium. Wichtig ist, daß den Schweinen aller Altersklassen ständig Wasser zur Verfügung steht.

Die Fütterung der gelegentlich in Wildgehegen anzutreffenden, ernährungsmäßig sehr anspruchslosen Wildpferde, Fjordpferde, Islandponys, anderen Kleinpferden und Esel erfolgt durch Weidegras, Luzerne, Grünmais, Hafer, Gerste, Rübenschnitzel eingemischt, Abfallobst, Heu, langgehäckseltes (6 cm) Haferstroh oder Sommerweizenstroh. Darüber hinaus empfiehlt sich zur wünschenswerten Vielgestaltigkeit der Pferdefütterung vor allem im Winter noch der Einsatz eines handelsüblichen „Mischfutters für Pferde". Dies enthält: in der Hauptsache bei mindestens 7 Prozent Rohprotein, Ölkuchen, Getreide (außer Roggen), Mühlennachprodukte, Trockenschnitzel, Hülsenfrüchte, Trockengrünfutter, Mineralstoffe und die Vitamine A und D.

Nicht allzu selten werden in Wildgehegen Fasane und Enten gehalten. Deshalb sollen noch einige Ausführungen über deren Nahrungsansprüche vorgenommen werden. Fasanen sollten als Grundfutter gekochte und dann gestampfte Kartoffeln mit gequetschtem Hafer oder Mais erhalten. Auch rohe Kartoffeln und Grünfutter – gehacktes Gras oder Salat –, gestampfte Zwiebeln und andere Lauchgewächse werden gern verzehrt. Unentbehrlich ist tierisches Eiweiß, das man als gekochte Fleischabfälle, hart gekochte Eier mit zerstoßener Schale gibt. Ebenso nötig sind Gaben von phosphorsaurem Futterkalk und Muschelkalk. Schon seit längerer Zeit haben sich industriell hergestellte Fasanenfutter für die verschiedenen Alters- und Leistungsklassen bewährt. Nähere Informationen können vom Fachverband der Futtermittelindustrie, Hamburg (57), eingeholt werden.

Enten, die zur Belebung in Schaugehegen und zur Vertilgung von Parasiten und deren Fortpflanzungsstadien gern und mit Erfolg gehalten werden, verabfolgt man ein Mischfutter von gekochten, gestampften Kartoffeln, denen etwas Kleie beigemischt

AFEL 7

:adler
ot. H. Niesters

·inkauz, Nach-
:ht,
ldpark Eekholt.
ot.
-H. Hatlapa

Hängezaun, Wil park Eekholt. Phot. H.-H. Hatlapa

Wildrost, Wildpa Eekholt. Phot. H.-H. Hatlapa

wird. Auch sie sind für Gaben von kleingeschnittenem Gras und Heukaff sowie Obstresten, Fischen und Fleischresten dankbar.

Soweit die Fütterungsbeispiele und -empfehlungen für die wichtigsten, in europäischen Wildgehegen gehaltenen Tiere.

Wie früher betont, sind es nur Ratschläge, begründet auf Erfahrungen und Vergleiche mit Haustieren und aus der Fütterungspraxis bei freilebenden Tieren.

Man muß sich darüber im klaren sein, daß mit der Haltung von Wild in Gehegen eine m. o. w. starke Domestikation verbunden ist. Wenn man aber schon sonst freilebende Tiere in Gehegen hält, dann ist es Verpflichtung, ihnen Bedingungen zu bieten, die das Gefangensein erträglich gestalten. Eine – vielleicht die wichtigste – Bedingung bei der Gehegehaltung ist die einer tierartgerechten Fütterung!

Im folgenden Abschnitt über die mutterlose Aufzucht von Rehwildkitzen und Rotwildkälbern glauben wir, einige bewährte Empfehlungen geben zu können. Wir meinen, daß gerade in Wildgehegen nicht allzu selten Veranlassung gegeben ist, mutterlose junge Wiederkäuer aufziehen zu müssen.

Kapitel 10 Hinweise zur mutterlosen Aufzucht von Rehkitzen und Rotwildkälbern

Von der Wildbahn her, wie auch in der Wildgehegehaltung, kommt es gelegentlich vor, Jungtiere mutterlos aufziehen zu müssen; sei es, daß das Muttertier starb oder das Kitz bzw. Kalb nicht annahm.

Tabelle 2. **Zusammensetzung von Reh- und Rotwildmilch**

Probennahme	Trockenmasse (%)	Protein (%)	Fett (%)	Lactose (%)	Asche (%)	Vit. A I. E. 100 ml	Autoren
a. Rehwild							
Juni	30	11,0	18,0		3,0		Berlin 1936 (24)
	12,0	3,8	1,4	4,5	1,1		RAESFELD 1956 (25)
3. August	20,4	8,8	6,7	3,8	1,1		PINTER 1963 (26)
b. Rotwild							
	34,1	10,4	19,7	2,6	1,4		OLSEN 1957 (27)
Anfang August		10,4	9,2	2,8			PINTER 1964 (28)
1. Laktationsmonat	20,5	7,7	6,9	5,1	1,0	235	DRESCHER-KADEN, SCHULZ und GROPP 1972 (19)
2. Laktationsmonat	25,4	8,9	10,6	4,5	1,3	115	dieselben 1972 (19)

Während in der Nutztierhaltung eine Reihe von bewährten Futterrezepturen zur Jungtieraufzucht eingesetzt werden, findet man in der Praxis der Wildaufzucht widersprüchliche Ansichten über die geeignete Aufzuchtmethode, zumal nur wenige Angaben über die Zusammensetzung der Reh- und Rotwildmilch vorliegen (Tabelle 2). Nachstehend seien einige Hinweise zur Aufzucht von Rehkitzen und Rotwildkälbern zusammengestellt, die uns auf Grund unserer Untersuchungen an 29 Rehwild- und 14 Rotwildjungtieren geeignet erscheinen.

Vom Muttertier gesäugte Reh- bzw. Rotwildjungtiere nehmen in den ersten Lebenswochen ca. 100 bis 150 g bzw. 350 bis 500 g/Tag zu.

Bei der „künstlichen Aufzucht" ist es unsere erste Aufgabe, die Tiere nicht nur überleben zu lassen, sondern bei Gesundheit zu halten und gute Gewichtszunahmen zu erzielen, damit die Tiere mit gleichen Chancen wie in freier Wildbahn in den Winter gelangen. Diese Aufgabe erfordert die Verwendung einer sorgfältig zusammengestellten Milchnahrung.

Rationsgestaltung

Milchnahrung — Ergänzungsfutter

Die Verabreichung einer der Muttermilch im Nährstoffgehalt weitgehend angepaßten Milchration erbringt geringere Aufzuchtverluste und verhältnismäßig gute Wachstumsleistungen, die zweckmäßig in wöchentlichen Abständen kontrolliert werden sollten. Rehwild- und Rotwildmilch weist einen höheren Trockenmasse-, Fett- und Eiweißgehalt, jedoch eine niedrigere bzw. gleichhohe Milchzuckerkonzentration wie Kuhmilch auf. Daher wird eine Ration mit reiner Kuhmilch bzw. mit Wasser verdünnter Kuhmilch beim Wildjungtier in den ersten Lebenswochen eine verminderte Gewichtszunahme zeigen; die jedoch bei nachfolgender Verfütterung energie- und eiweißreicher Kraftfuttermittel wieder aufgeholt wird.

Erfolgversprechender ist es, Ziegenmilch (3,4 % Protein, 4,1 % Fett) oder Schafmilch (5,4 % Protein, 6,2 % Fett) zu verwenden oder Kuhmilch mit Eiweiß und Fett anzureichern. Da sich Casein und Butterzusätze relativ schlecht in Milch einmischen ließen, testeten wir eine Mischung aus Kuh- und Kondensmilch in – vom Lebensalter der Tiere abhängigen — Mischungsverhältnissen (Tabelle 3). Die von vielen Tierhaltern gefürchtete Durchfallsneigung der Jungtiere bei hohen Milchzuckergaben trat in unseren Versuchen kaum in Erscheinung; sie wurde dann durch Verabreichung von schwarzem Tee, Reduktion der Tränkmenge, in schweren Fällen medikamentell behandelt (z. B. mit „Al 365" der Firma Chemische Fabrik Aubing bei München oder mit „Farostip" der Firma Rentschler & Co. in Laupheim; Dosierung nach Angabe).

Eine billigere, jedoch in der Wildaufzucht noch nicht voll erprobte Methode, Reh- und Rotwildkälber aufzuziehen, ist die Verwendung von handelsüblichem Milchaustauschfutter zur Kälbermast (ca. 17 % Fett und 23 % Eiweiß in der Trockenmasse), zur Lämmeraufzucht (ca. 26 % Fett und 22 % Eiweiß in der Trockenmasse) oder ein von uns speziell zur Rehkitzaufzucht zusammengestelltes Milchaustauschfutter (29 % Eiweiß und 20 % Fett in der Trockenmasse): Rezeptur in der Zeitschrift „Tierärztliche Umschau", Drescher-Kaden, Schulz und Gropp (17).

Die Tränkkonzentration beträgt nach unseren Erfahrungen zweckmäßigerweise 180 bis 200 g Milchaustauschfutter/Liter. Während das Lämmermilchaustauschfutter von unseren Jungtieren in 20prozentiger Tränke gut vertragen wurde, stellte Barth (1972, persönl. Mitt.) jedoch eine erhöhte Durchfallneigung der Tiere bei Verabreichung einer Tränkkonzentration von mehr als 10 % fest und empfiehlt statt

Tabelle 3. Fütterungsvorschlag zur Aufzucht von verwaisten Rehkitzen und Rotwildkälbern (Alter zu Aufzuchtbeginn: 10 Tage)

Zeitraum Tage	tägliche Tränkportionen	tägliche Tränkmengen		wahlweise Tränkzusammenstellung: Mischungsverhältnis Kuh- zu Kondensmilch		oder Konzentration des Milchaustauschfutters (%)		Mischfutter g Vorlage/Tag		Heu Vorlage/Tag
		Rehe	Rotwild	Rehe	Rotwild	Rehe	Rotwild	Rehe	Rotwild	
1.	5–7	200–300	500–600	1:1	1:1	10	10	/	/	/
2.	5–7	300–400	600–800	1:1	1:1	10	10	/	/	/
3.	5–6	400–450	600–800	1:1	1:1	10–15	10–15	/	/	/
4.	5–6	400–500	600–1000	1:1	1:1	15–20	15–20	/	/	/
5.–10.	4–5	500–700	1000–1500	1:1	2:1	20	15–20	/	/	/
11.–15.	4–5	700–800	1500–2000	1:1	2:1	20	15–20	/	/	ad lib
16.–20.	4–5	800–900	2000–2500	1:1	2:1	20	15–20	0– 25	0–50	„
21.–30.	4	800–1000	2500–3000	1:1	3:1	20–15	15	25–100	50–100	„
31.–40.	4	800–1000	3000–4000	2:1	3:1	15–10	15–10	100–150	100–300	„
41.–50.	3	700–800	3000–4000	2:1	4:1	10	10	150–200	300–500	„
51.–60.	2	500–600	2000–3000	3:1	1/	10	10	200–250	500–700	„
ab 60.	2–1	500–0	2000–0	1/	1/	10	10	>300	>700	„

dessen eine Mischung aus zwei Drittel Anteilen 10prozentiger Lämmermilchtränke und einem Drittel Kondensmilch (10 % Fett). Es ist jedoch nicht auszuschließen, daß die unterschiedliche Reaktion der Tiere auf die Verwendung zweier Lämmeraustauschfutter verschiedener Herkunft und Lagerungsdauer zurückzuführen ist.

Die reine Milchfütterungsperiode sollte ca. 10 bis 20 Tage betragen, während der die Jungtiere jedoch Möglichkeit zur Aufnahme von Erde haben sollten. Danach kann zusätzlich die Verabreichung von Heu, Cobs und/oder frischem Gras und frisch geschnittenen Zweigen (z. B. Himbeer- oder Brombeerzweige) in geringen, nur langsam steigenden Mengen erfolgen. Als Kraftfutter verwendeten wir ein speziell zur Reh- und Rotwildaufzucht zusammengestelltes eiweißreiches Mischfutter (mit ca. 23 % Rohprotein).

Es ist ebensogut möglich, handelsübliches Reh- und Rotwildfutter mit möglichst hohem Eiweiß- und Mineralstoffgehalt zu verfüttern oder eine Mischung aus wirtschaftseigenen Futtermitteln (Hafer- und Maiskörner) mit handelsüblichem Kraftfutter (z. B. Milchleistungsfutter nach DLG-Standard IV mit 32 % Rohprotein) zu verwenden. Dies hat den Vorteil, die Mischungsverhältnisse nach Bedarf des wachsenden Tieres zu variieren (z. B. 1/4 Mais, 1/4 Hafer, 2/4 Milchleistungsfutter in den ersten Monaten; später 1/3 Hafer, 1/3 Mais und 1/3 Milchleistungsfutter).

Es ist jedoch streng darauf zu achten, daß weder das Milchaustauschfutter noch die Mischfutter zu lange gelagert sind, so daß die Fett- bzw. Eiweißkomponenten beginnende Zersetzung zeigen.

Die Entwöhnung von der Milchnahrung kann ohne gravierende Gewichtsdepression bei Rot- und

Rehwild ab dem 60. Aufzuchtstag erfolgen, vorausgesetzt, daß die Tiere genügende Kraftfuttermengen aufnehmen (siehe Tabelle 3).

Aufzuchtverfahren

Die Schwierigkeiten bei der Eingewöhnungsphase liegen innerhalb der ersten 2 bis 4 Tage. Viele Jungtiere sind durch den abrupten Milieuwechsel vom Muttertier weg in menschliche Obhut einem starken Streß unterworfen, so daß sie anfänglich des öfteren die Tränke verweigern. In Absprache mit dem behandelnden Tierarzt sollten die Tiere bei der Ankunft eine einmalige parenterale Gabe eines Antibiotikum – eines Vitamin – und eines Eisenpräparates erhalten. Bei der Verfütterung der Mischung aus Kuh- und Kondensmilch sollte zusätzlich in den ersten 2 bis 3 Wochen mit der Milch ein Antibiotikum (z. B. „Aureomix" der Firma Lederle-Cyanamid in München; Dosierung nach Vorschrift) verabreicht werden, während die Milchaustauschfutter schon Antibiotika in nutritiver Dosis enthalten.

Da die Jungtiere in unterschiedlichem Alter und körperlicher Verfassung in die Obhut des Menschen gelangen, muß der Tränkplan individuell zugeschnitten werden. Der in Tabelle 3 aufgeführte Plan dient nur zur groben Orientierung. Die Tränke muß mit einer Temperatur von 38 bis 40 Grad verabreicht werden, da zu kalte Tränke Durchfälle zur Folge hat. Zweckmäßig verfüttert man sie in einer Flasche mit Gummisauger. Die nicht aufgenommene Tränke und die nicht verzehrten Heu-, Gras- und Kraftfuttermengen sind zu verwerfen. Es sollte daher nicht mehr vorgelegt werden, als etwa dem tatsächlichen Verzehr entspricht. Vom Zeitpunkt der Zufütterung des Ergänzungsfutters ist stets für frisches Wasser zu sorgen.

Damit die Jungtiere regelmäßig Kot absetzen, ist die sonst durch das Muttertier erfolgende Analmassage vom Pfleger durchzuführen.

Die Unterbringung der Tiere erfolgt am zweckmäßigsten in Ställen mit Holzboxen (Holzrost mit engen Zwischenräumen, Holzboden oder auf Stroh- oder Hobelspäneeinstreu. Nur in den ersten Lebenswochen ist die Verwendung von Schaumstoffeinlagen geeignet, die jedoch täglich desinfiziert und getrocknet werden müssen) oder in kleinen Gehegen mit zugfreien, regengeschützten Holzunterkünften mit Holzböden. Die Jungtiere reagieren sehr empfindlich auf Unterkühlung. Bei Absinken der Umgebungstemperatur unter 12 Grad sollte in der Unterkunft für eine zusätzliche Wärmequelle (z. B. Infrarotlampe) gesorgt werden.

1. Das Milchaustauschfutter mit heißem Wasser (nicht unter 50° C) in entsprechendem Verhältnis anrühren.
2. Tränktemperatur von 38–40° C genau einhalten.
3. Nicht aufgenommene Tränkmenge verwerfen.
4. Abweichungen vom Tränkschema: Da die Tiere mit unterschiedlichem Gewicht, Alter und Körperverfassung ankommen, muß der Tränkplan individuell variiert werden. Ältere Tiere setzen gleich nach der Ankunft an einem späteren Zeitpunkt im Futterplan ein.
5. Bei auftretendem Durchfall der Tiere mit der Tränkmenge und Konzentration zurückgehen; entsprechende Mengen an schwarzem Tee verabreichen. Schwere Durchfälle sind nach Absprache mit dem Tierarzt medikamentell zu behandeln (infektionsbedingte Durchfälle).
6. Wegen erhöhter Durchfallanfälligkeit ist die Verabreichung von Gras weniger als die von Heu zu befürworten. Nach Angaben von Dr. Barth (persönliche Mitteilung 1972) birgt jedoch die zu frühzeitige Heuaufnahme bei Kitzen Labmagenentzündungen mit tödlichem Ausgang in sich; bei den von uns aufgezogenen Rehkitzen und Rotwildkälbern wurde dies nicht beobachtet. Den Jungtieren muß ab etwa dem 10. Lebenstag an Gelegenheit zur Aufnahme von Erde geboten werden. Wasser muß ab dem Zeitpunkt der Zufütterung von Ergänzungsfutter zur Verfügung stehen.

Kapitel 11 Äsungsflächen in Wildgehegen

Vorbemerkungen

Für die Ernährung des Wildes in Wildgehegen und für die Schaffung entsprechender Äsung im Gehegerevier ist eine ganze Reihe von Gesichtspunkten wichtig, und je nach Lage der Dinge im einzelnen Fall sind ernährungsphysiologische, pflanzenbauliche, technische und nicht zuletzt ökonomische Fakten mit- und gegeneinander abzuwägen, um für den speziellen Fall des betreffenden Gehegereviers eine möglichst optimale Lösung zu finden. Grundsätzlich ergeben sich in Wildgehegen ähnliche Probleme und Möglichkeiten wie in freier Wildbahn, und viele Erfahrungen mit der Schaffung von Äsungsflächen in freier Wildbahn lassen sich auch auf Gehegereviere übertragen, oder aber es lassen sich zumindest Analogielösungen finden. Je nach Gehegegröße, Wilddichte und Wildart bzw. Wildartenkombination treten jedoch mehr oder weniger große graduelle Unterschiede zum Nichtgehege-Revier auf. Manche Faktoren, die bei einem Nichtgehege-Wildbestand nur eine untergeordnete Rolle spielen, haben für den Gehegewildbestand eine sehr große Bedeutung; und umgekehrt sind Fakten, die im Gehege keine größeren Probleme aufwerfen, im Nichtgehege-Revier oft von entscheidendem Einfluß auf das Gelingen bzw. effektive Wirksamwerden von Äsungsverbesserungsmaßnahmen. Vor allem in relativ kleinen Wildgehegen bzw. Gattern mit sehr hoher Wilddichte bedarf es zur Schaffung guter Äsungsflächen sehr gezielter und oft spezieller zusätzlicher Maßnahmen, während in Großgehegen mit nur mittleren Wilddichten die Dinge viel einfacher liegen. Gerade in kleinen bzw. stark besetzten Gehegen aber ist das Äsungsangebot auf Äsungsflächen aus mehreren Gründen — auf die z. T. später noch eingegangen werden soll — besonders wichtig. Zusätzliche Probleme und die Notwendigkeit zusätzlicher Maßnahmen ergeben sich auch immer, wenn neben anderen Schalenwildarten Schwarzwild mit im Gehege lebt. In diesem Fall muß erwogen werden, nur einen Teil des Geheges dem Schwarzwild zugänglich zu machen oder aber alle bzw. einen großen Teil der Äsungsflächen innerhalb des Geheges wieder schwarzwildsicher abzugattern, um dem Schwarzwild nur dann den Zugang zu ermöglichen, wenn dies zweckmäßig erscheint.

Damit sei angedeutet, daß ein schematisches Übertragen der Maßnahmen in freier Wildbahn auf ein Gehegerevier, aber auch von *einem* Gehege auf das *andere* Gehege meist nicht möglich ist. Eine individuelle Lösung muß für jeden Einzelfall gesucht und gefunden werden, und bei entsprechender Sachkenntnis wird das nach Abwägen der biologischen, technischen und ökonomischen Gesichtspunkte auch möglich sein. Die Hinzuziehung eines Fachberaters ist sicher in vielen Fällen sehr zweckmäßig.

Zielsetzung

Das wichtigste Ziel der Äsungsverbesserung in Wildgehegen muß in erster Linie folgendes sein:

> Schaffung von Äsung auf Wildäsungsflächen, um die eigentliche Fütterung aus Raufe und Trog so weit wie möglich beschränken zu können.

Dies ist aus mehreren Gründen anzustreben: In den meisten Fällen ist es schon aus rein ökonomischen Gründen richtig, möglichst viel Äsung auf entsprechenden Flächen im

Gehege zu produzieren. Denn bei einer dem neuesten Stand unserer Forschungen entsprechenden Gestaltung der Äsungsproduktion sind die notwendigen Nährstoffmengen vor allem für die wiederkäuenden Schalenwildarten über Wildäsungsflächen billiger zu beschaffen und dem Wilde zuzuführen, als dies über einen Futterzukauf und die Verfütterung möglich ist. Von entscheidenderer Bedeutung jedoch sind ganz andere Gründe: Eine artgerechte Ernährung, die nicht weiter als unbedingt notwendig von der ursprünglichen, „natürlichen" Ernährung abweicht, ist für alle Wildbestände erstrebenswert. Im Gehegerevier mit seiner meist hohen Wilddichte aber ist dies ganz besonders wichtig, wenn der Wildbestand im weitesten Sinne des Wortes „gesund" bleiben soll und wenn auch im Gehege die Schäden durch das Wild – etwa an Forstkulturen – so niedrig wie möglich gehalten werden sollen.

Es spielen hierbei *nicht nur Quantität* und *ernährungsphysiologische Qualität* der Äsung eine große Rolle; sondern wichtig ist vor allem auch die *Beschäftigung des Wildes mit der Äsungssuche und Äsungsaufnahme.* Das Wildtier, dessen natürliche Tätigkeit fast ausschließlich darin besteht, Äsung zu suchen und Äsung aufzunehmen, muß *entarten,* wenn es diese Tätigkeit praktisch nicht mehr oder nur noch in einem vergleichsweise sehr geringem Umfange ausüben kann bzw. ausüben darf. Und zweifellos haben *viele Störungen im individuellen und im sozialen Wohlbefinden ihre Ursachen* in einer *nicht-artgerechten, zu weit von der natürlichen Art und Weise entfernten Ernährung* im weitesten Sinne. Dabei sei noch einmal betont: Nicht nur die Inhaltsstoffe, die Gehalte an den einzelnen Nähr- und Ballaststoffen, sondern auch die Art und Weise des Angebotes und der Aufnahme der Äsung spielen in diesem Zusammenhang eine nicht zu unterschätzende Rolle und bedürfen gerade im Gehegerevier besonderer Aufmerksamkeit.

Selbstverständlich wird – im Gegensatz etwa zu den meisten Niederwildrevieren – im Hochwildrevier eine eigentliche Fütterung für bestimmte Wildarten und zu bestimmten Zeiten notwendig oder zweckmäßig sein. Und in einem Gehegerevier mit hoher Wilddichte wird dies meist weit stärker der Fall sein als in einem Nichtgehege-Revier – von einigen Ausnahmen in Großgehegen mit relativ geringer Wilddichte abgesehen. Entscheidend aber ist, daß diese Fütterung aus Raufe und Trog aus den genannten Gründen so gering wie möglich gehalten wird. Zwangsläufig ist der Anteil der Nährstoffzufuhr über die eigentliche Fütterung im dichtbesetzten – weil oft recht kleinen – Gehege höher als im weniger dicht besetzten Großgehege; aber *gerade* deshalb muß *auch im kleineren* bzw. dichter besetzten Gehege *jede Möglichkeit* zur Äsungsproduktion auf entsprechenden Äsungsflächen bzw. auf der gesamten Gehegefläche genutzt werden. Denn – es sei nochmals betont –: Die Schaffung von Äsung muß hier im Gehege nicht nur unter dem Gesichtspunkt der Nährstoffversorgung bzw. der Ernährung im engeren Sinne, sondern vor allem auch unter dem Gesichtspunkt der Beschäftigung der Tiere gesehen werden! Ein weiterer Grund für eine möglichst hohe Äsungsproduktion im Gehege können steuerliche Aspekte sein, wenn es bei einem Gehege um die Abgrenzung zwischen Gewerbebetrieb und Land- und Forstwirtschaftsbetrieb geht. Denn das Ausmaß der Eigenversorgung mit Futter aus der eigenen Bodenfläche spielt in analogen Fällen bisher eine wichtige Rolle.

Was bei der Schaffung von Äsung im Wildgehege im einzelnen und speziell produziert werden soll, dafür sind zunächst einmal die artspezifischen Anforderungen der einzelnen Wildarten an ihre Ernährung – an Nährstoffe und Ernährungsweise! – maßgebend. Hierzu sei mit Nachdruck auf die entsprechenden Forschungsergebnisse hingewiesen, die uns in vielen Fällen erst in neuester Zeit einer Klärung der tatsächlichen Ernährungsanforderungen und Ernährungsgewohnheiten nähergebracht haben (siehe Kapitel 8 und 9). Ohne die im zweiten Teil „Ernährung von Wild in Gehegen" gemachten Ausführungen wiederholen zu wollen, sei nochmals folgendes betont: Einerseits darf kein Mangel an Äsungsmenge und an verdaulichen Nährstoffen, von den

Eiweißen über die Kohlehydrate (Stärke, Zucker, Zellulose) zu den Vitaminen und Mineralstoffen sowie sonstigen Wirkstoffen, eintreten – oder zumindest nur für einen kürzeren Zeitraum. Andererseits darf die Ernährung – vor allem bei den Wiederkäuer-Schalenwildarten – aber auch nicht nur in Form von Futtermitteln mit zu hochkonzentrierten Nährstoffen und ohne ausreichendem Gehalt an Ballaststoffen erfolgen, weil das zu einer nicht-artgerechten, physiologisch ungesunden und damit falschen Ernährung führt. Ferner spielt sehr oft der Gehalt der Äsung bzw. des Futters an Wasser eine sehr entscheidende Rolle.

Den meisten der in diesem Zusammenhange wichtigen Gesichtspunkten – von den Nähr- und Ballaststoffen über die Provitamine bis hin zur Konsistenz und zum Wassergehalt – ist am ehesten kombiniert Rechnung zu tragen, wenn im Gehege möglichst große Mengen gutverdaulicher Grünäsung produziert und dem Wilde zur Verfügung gestellt werden. Dies gilt nicht nur für das Sommerhalbjahr, sondern das Grünfutterangebot sollte auch im Winterhalbjahr so groß wie nur irgend möglich sein. Daß dabei die Relationen zwischen im Gatter selbstgewachsener Grünäsung und Futterzulieferung von Fall zu Fall verschieden liegen werden, ergibt sich aus Gehegegröße, Wilddichte und Wildart sowie den technischen Möglichkeiten. Und daß diese Relationen auch in den einzelnen Jahreszeiten und bis zu einem gewissen Grade auch in den verschiedenen Klimaten verschieden sein werden, ist verständlich. So kann man in einem Rehwildgehege oder einem schwachbesetzten Hochwildgatter die gute Ernährung des Wildbestandes – von extremen Ausnahmesituationen abgesehen – zu 100 Prozent über Äsungsflächen sicherstellen – auch im Winterhalbjahr. Im starkbesetzten Rotwildrevier wird dies nur teilweise und im Sommerhalbjahr wieder weitgehender als im Winterhalbjahr möglich sein. Im Schwarzwildgegehe schließlich werden vielfach die Grenzen noch enger gezogen sein – vor allem bei sehr hoher Wilddichte.

In allen Fällen aber bleibt das Ziel bestehen: Eine nach den jeweiligen Gegebenheiten *möglichst weitgehende* Versorgung des Wildbestandes mit Äsung – und ganz besonders auch mit Grünäsung — auf entsprechenden Äsungsflächen im Gehege. Diese über Äsungsflächen mögliche Versorgung in der Größenordnung von nur 30 bis 50 Prozent im starkbesetzten Gatter ist dabei für dieses nicht minder von Bedeutung als die von 70 bis 100 Prozent im weniger dicht besetzten Rotwild- bzw. im reinen Rehwildgehege.

Ergänzend sei hier darauf hingewiesen, daß es neben der Schaffung von Direktäsung auch zusätzlich das Ziel sein kann, auf den Äsungsflächen Futter in Form von Silage oder Heu für die Winterfütterung zu gewinnen. Dies hat natürlich in erster Linie für große Gehege bzw. solche mit geringerer Wilddichte Bedeutung. Dort aber sollte diesem Gesichtspunkt auch tatsächlich entsprechende Aufmerksamkeit geschenkt werden, zumal es zur Pflege intensiv bewirtschafteter Äsungsgrünlandflächen sowieso notwendig ist, je nach Beäsungsintensität ein- oder zweimal im Jahr zu mähen.

Intensität der Äsungsproduktion

In freier Wildbahn kommt für eine effektive und eine den ökonomischen Gesichtspunkten Rechnung tragende Äsungsverbesserung nur die Schaffung hochleistungsfähiger Intensiv-Äsungsflächen in Frage. Und für das Gehegerevier gilt dies im Grunde genauso, teils sogar in *noch* ausgeprägterem Maße.

Zwar werden im Gehegerevier die Holz- und die Wildnutzung meist in einer Hand sein. Das kann großflächige und dabei relativ extensive Maßnahmen – wie vor allem etwa Düngung mit Kalk, Phosphaten und Stickstoff auf der gesamten Gehegefläche in mehr oder weniger großen zeitlichen Abständen – eher sinnvoll werden lassen als in anderen Revieren. Denn hier im Gehege wirkt sich das, was der äsungsproduktion bzw. dem Wild nicht zugute kommt, über die verbesserte Holzproduktion für *denselben* Nutzungsberechtigten positiv aus — anders als im Jagdpachtrevier, wo Holz- und Wildnutzung in verschiedenen Händen liegen. Großflächige Düngungsmaßnahmen zur Förderung der Krautschicht im Wiederkäuer-Schalenwildgehege oder die Kalkung der Bestände zur schnelleren Umsetzung der Streu- bzw. Auflagehumusschicht und zwecks der damit eingehenden starken Vermehrung von Bodentieren (Würmer, Insekten u. ä.) im Schwarzwildrevier können im Gehege also durchaus zweckmäßig sein, wenn die holzwirtschaftlichen Gesichtspunkte gleichzeitig relevant sind.

Im übrigen aber gilt: Die Produktion großer Mengen hochwertiger Äsung ist am wirtschaftlichsten auf speziell dafür vorgesehenen Äsungsflächen möglich. Dabei sind diese Flächen so auszuwählen bzw. herzurichten, daß sie maschinell bearbeitbar sind — auch wenn dafür im Einzelfall höhere Erstinvestitionen notwendig sind. Größe, Form, Erreichbarkeit mit Geräten und Maschinen und eben die Bearbeitbarkeit selbst müssen für Intensiv-Äsungsflächen im Wildgehege entsprechend gegeben sein. Denn maschinell nicht zu bewirtschaftende Flächen sind auf die Dauer zu teuer oder nicht intensiv zu nutzen und erfüllen somit nur unvollkommen ihren Zweck. Oft werden solche Flächen, die nicht diesen Anforderungen entsprechen, dann früher oder später wieder als Äsungsflächen aufgegeben und die — wenn auch geringeren — Erstinvestitionen sind somit vertan. Flächen für Äsungsgehölze und für Äsungsgrünland müssen zumindest maschinell zu mähen sein, Flächen für Äsungsackerland auch maschinell zu pflügen. Der zweite Grundsatz ist: Die Flächen müssen ausreichend Licht erhalten; stärker beschattete Flächen werden nur ungern beäst und leisten nicht viel. Der dritte Grundsatz für die Schaffung von Wildäsungsflächen ist die optimale Versorgung des Bodens bzw. der Äsungspflanzen mit Nährstoffen durch entsprechende Düngung.

Viel und gute Äsung liefern nur leistungsfähige und qualitativ hochwertige Pflanzen; diese aber können nur auf einem nährstoffreichen Boden bzw. bei intensiver Düngung wachsen. Die chemische Bodenuntersuchung gibt Aufschluß darüber, wie es um die Nährstoffversorgung der betreffenden Fläche steht.

Tabelle 4. **Nährstoffversorgung des Bodens. Anzustrebende pH-Werte und Gehalte an pflanzenverfügbaren Nährstoffen[1]**

Äsungskulturart	Kalkversorgung[2] pH-Wert (KCl)	Phosphat[3] P_2O_5	Kalium[3] K_2O	Magnesium[4] Mg
		mg / 100 g Boden		
Gehölze je nach Pflanzenart	4,8–7,2	12–18	15–20	2–10
Grünland	4,6–5,8	12–18	15–25	10–20
Ackerland je nach Pflanzenart	5,8–7,2	15–20	15–25	3–15

[1] Die niedrigeren Werte gelten für leichte Böden bzw. weniger anspruchsvolle Pflanzen, die hohen Werte für schwerere Böden bzw. anspruchsvollere Pflanzen
[2] pH-Wert, gemessen in KCl-Aufschlämmung der Bodenprobe.
[3] P_2O_5- und K_2O-Gehalte in mg/100 g Boden, bestimmt im Kalziumlaktat-Auszug des Bodens.
[4] Mg-Gehalte in mg/100 g Boden, bestimmt im n/40 $CaCl_2$ oder $SrCl_2$-Auszug des Bodens.

Wo es an Nährstoffen fehlt, ist durch eine einmalige Meliorationsdüngung das Nährstoffniveau entsprechend anzuheben. Hierbei können einmalige Gaben von bis zu

50–150 dz/ha Branntkalk (evtl. mit Magnesium)
25 dz/ha Thomasphosphat
5– 10 dz/ha 40er Kalidüngesalz

notwendig werden, wenn es sich um sehr saure, arme Ausgangsböden handelt, was insbesondere bei vielen Waldböden zutrifft (JAHN-DEESBACH, 34). Bisher schon landwirtschaftlich genutzte Flächen liegen in ihren Nährstoffwerten meist deutlich besser, und oft ist hier nur eine kleine Meliorationsdüngergabe notwendig. Aber wie gesagt: Für die Höhe dieser einmaligen Meliorationsdüngergabe ist das Ergebnis der chemischen Bodenuntersuchung maßgebend! Es sei nochmals betont: Das Nährstoffniveau des Bodens muß so hoch wie auf intensiv landwirtschaftlich zu nutzenden Flächen sein, oder aber der Boden muß eben auf dieses hohe Niveau eingestellt werden, wenn eine rationelle Äsungsproduktion erfolgen soll. Das gilt in allen Fällen, auch im Großgehege, wo relativ viel Fläche zur Verfügung steht. Denn auch in diesem Falle ist es richtiger, auf einer kleineren Gesamtäsungsfläche intensiv Äsung zu produzieren als auf einem größeren Areal eine extensive Äsungsproduktion betreiben zu wollen.

In diesem Zusammenhange sei noch vor einem der schwerwiegendsten und in der Praxis trotzdem allzu oft begangenen Fehler gewarnt: Oft wird versucht, Flächen – vor allem Grünlandflächen –, die sich für eine land- oder forstwirtschaftliche Nutzung nicht eignen, weil sie zu feucht sind, als Äsungsflächen zu nutzen. All unsere leistungsfähigen und wertvollen Äsungspflanzen aber vertragen einen zu nassen, luftarmen Boden nicht und bringen dort zumindest nicht die erwünschten Erträge und Äsungsqualitäten. Darüber hinaus ist die Ausnutzung der Düngernährstoffe auf solchen Standorten meist sehr schlecht; und vielfach sind auch die Bearbeitung und Pflege dieser zu feuchten Flächen zumindest erschwert bzw. nur bedingt und oft nicht im richtigen Augenblick möglich. Deshalb gilt: Auf zu feuchten Flächen ist jede Investition an Düngung u. ä. zu schade! Erst das überschüssige Wasser abführen (Dränage; Vorflut verbessern); und nur wenn das gelungen ist, können Düngung usw. mit gutem Erfolg eingesetzt werden.

Folgendes muß dabei jedoch bedacht werden: Viele Flächen sind auch nur deshalb etwas *zu* naß, weil ihr Pflanzenbestand nicht üppig genug wächst und deshalb nicht genügend Wasser durch das Pflanzenwachstum verbraucht wird. (Für die Produktion von 1 kg Pflanzen-Trockenmasse werden etwa 500 bis 700 l Wasser verbraucht!) Grünlandflächen vernässen sehr oft, weil zu wenig gedüngt und zu wenig Pflanzenmasse abgeerntet wird, vor allem auch, weil nicht oder nicht häufig genug gemäht wird. Mir sind in einer ganzen Reihe von Wildgehegen Grünlandflächen bekannt, die praktisch nicht als Äsungsflächen dienen – obwohl es an Grünäsung fehlt! – weil sie nicht gedüngt, nicht ordnungsgemäß gemäht und deshalb auch vom Wild nicht mehr zur Direktäsung aufgesucht werden. Gerade hier wird deutlich, daß *intensive* Bewirtschaftung – evtl. lieber auf kleinerer Fläche und bei gleichzeitiger Gewinnung von Grassilage und Heu – direkt eine Notwendigkeit für eine effektive Äsungsverbesserung ist.

Daß auch sehr trockene Standorte keine optimalen Äsungsflächen ergeben, versteht sich von selbst; jeder Grad zu trocken ist aber immer besser als jeder Grad zu naß!

Die einzelnen Äsungskulturarten

Für die Versorgung des Wildes mit einem möglichst hohen Anteil an Direktäsung stehen für Intensiv-Äsungsflächen grundsätzlich drei Kulturarten zur Verfügung, von denen jede ihre speziellen Vor- und Nachteile hat (JAHN-DEESBACH, 35, 36, 37).

Äsungsgehölz (Verbißgehölz)
Äsungsgrünland (Wildmähweiden)
Äsungsackerland (Wildäcker)

Das *Äsungsgehölz* hat vor allem im Rotwildrevier Bedeutung, aber auch für das übrige Wiederkäuer-Schalenwild ist es von Interesse – in einem Falle mehr, im anderen Falle weniger. Für das Schwarzwild ist das Äsungsgehölz praktisch bedeutungslos.

Das *Äsungsgrünland* ist für alle Schalenwildarten von sehr großer Bedeutung und nimmt im Wildgehege mehr als im Nichtgehege-Revier die zentrale Stellung bei der Äsungsverbesserung ein.

Das *Äsungsackerland* ist die intensivste und wertvollste Kulturart zur Äsungsverbesserung allgemein, weil mit ihr besonders beliebte und wertvolle Äsung in großen Mengen produziert werden kann – ganz besonders auch *Direktäsung für das Winterhalbjahr* (Jahn-Deesbach, 38, 39). Im Gehegerevier erlangt das Äsungsackerland erst dann seine volle Bedeutung und seinen vollen Wert, wenn das Äsungsgrünland in ausreichendem Umfang vorhanden und mit hoher Intensität genutzt wird. Für das Schwarzwildgehege ist das Äsungsackerland von besonders hohem Wert.

Bevor nun auf die einzelnen Äsungskulturarten im einzelnen eingegangen wird, sollen zunächst noch einige allgemeine und elementare Gesichtspunkte kurz behandelt werden:

1. Es gibt keine Äsungspflanze, die viel leistet und nur wenig Forderungen hinsichtlich Kulturmaßnahmen stellt. Gewiß gibt es graduelle Unterschiede; aber man lasse von vornherein die Suche nach der Pflanze, die alles leistet und nichts erfordert!
2. Es gibt keine Äsungspflanze, die viel leistet, wenn sie nicht entsprechend ungestört wachsen bzw. wenn sie sich nicht regenerieren kann. Jede Pflanze muß zumindest während mehr oder weniger langer Zeitspannen ohne Verbiß wachsen können – ein im meist dichtbesetzten Gatter besonders wichtiger Gesichtspunkt, der von vornherein und laufend Beachtung erfordert. Viele Wildäsungsflächen leisten deshalb nichts, weil dieser elementare biologische Grundsatz übersehen wird. Im *dichtbesetzten* Hochwildrevier sind deshalb *zeitweilige Gatterungen* der Intensiv-Äsungsflächen bei Äsungsackerland und Äsungsgehölz fast immer, bei Äsungsgrünland in manchen Fällen notwendig.
3. Zur Erreichung des gleichen Zieles ist die finanziell rentablere und technisch einfachere Form zu wählen. Um z. B. saftige Grünäsung für das Sommerhalbjahr zu produzieren, ist das Äsungsackerland zu aufwendig und *zu schade;* – es sei denn, es soll eine besonders attraktive oder aus verschiedenen Gründen sehr wertvolle Grünäsung (etwa zum Anlocken des Wildes oder als Äsung mit bestimmten Wirkstoffen) geboten werden.
4. Die Äsungsproduktion muß so gesteuert werden, daß während der Hauptwachstumszeit (Mai bis August) möglichst nicht mehr als notwendig, *in* den wachstumsschwächeren Monaten bzw. *für* diese Zeit aber so viel wie möglich Direktäsung produziert bzw. dem Wilde angeboten wird. Dieses Ziel läßt sich zwar nur immer bis zu einem gewissen Grade erreichen; es anzustreben ist deshalb aber nicht minder wichtig.

Äsungsgehölze

Unter Äsungsgehölzen verstehen wir heute Intensiv-Äsungskulturen mit Baum- und Straucharten, die dem Wild große Mengen *relativ* gut verdaulicher junger Triebe (meist Jährlingstriebe) als Verbißäsung bieten. Gehölze zur Früchteproduktion (Eichen für Eichelmast, Ebereschen für Beerenmast) werden darunter im engeren Sinne nicht verstanden. Der Wert solcher mastspendender Baumarten für die Wildernährung ist unbestritten; sie sind aber entweder vorhanden oder – z. B. bei Eichen – nur in langen Zeiträumen zu erstellen. Bei der Eberesche geht es nach eigenen Versuchen bei intensiver Düngung sehr rasch, früchtetragende Bäume zu erstellen (in etwa 6 Jahren). Jedoch ist die Effektivität einer solchen Maßnahme im Schalenwild-Gehegerevier recht begrenzt. Und auch die in der Literatur immer wieder von „Fachleuten" empfohlene Produktion von Wildobstarten ist als Spielerei und oft auch als Selbstbetrug anzusehen, nicht aber als eine sinnvolle konstruktive Äsungsverbesserungsmaßnahme, denn die Äsungsproduktion ist völlig unbedeutend und die notwendigen Flächen und Aufwendungen sind anderweitig weit, weit besser eingesetzt.

Auf Grund eigener langjähriger Versuche kommen für eine effektive Äsungsverbesserung auch bei Gehölzen nur Intensiv-Verbißkulturen in Frage. Hierbei wird auf relativ kleiner Fläche eine im engen Pflanzenverband stehende Kultur geschaffen, die jährlich intensiv gedüngt wird und die je Flächeneinheit hohe Erträge an ernährungsphysiologisch wertvoller Äsungsmasse liefert. Bei weniger stark verzweigenden Gehölzarten hat sich ein Pflanzverband von 40 × 20 cm gut bewährt, bei stärker verzweigenden bzw. mehrsprossigen Arten ein solcher von 40 × 40 cm. Bei manchen Arten genügen zur Bestandesbegründung einjährige Sämlinge oder Steckhölzer, bei anderen Arten sind zwei- bis dreijährige Pflanzen vorzuziehen. In manchen Fällen kommt auch eine Reihen- oder Horstsaat in Frage (z. B. bei Roteiche auf weniger stark verunkrautenden Flächen).

Vor bzw. bei der Pflanzung sollte der Boden vor allem mit Phosphat hoch aufgedüngt werden, wobei die Phosphat-Düngemittel möglichst mit in den Boden eingearbeitet werden. Wo es notwendig ist, ist auch eine entsprechende Kalkung vorzunehmen.

Ab dem ersten Jahr nach der Pflanzung erfolgt jährlich eine intensive Düngung – am zweckmäßigsten mit sogenannten Volldüngern. Nötigenfalls ist auch eine Unkrautbekämpfung in den ersten Jahren durchzuführen; ab dem 3. Kulturjahr unterdrücken die enggestellten Gehölze das Unkraut in der Regel von selbst, so daß nachher nur noch in Ausnahmefällen eine Bekämpfung notwendig wird.

Die Verbiß-Gehölz-Fläche bleibt im Sommer ganz gegattert, oder aber es wird immer nur eine Teilfläche kurzfristig zum Verbiß freigegeben. Erst im Spätherbst, wenn das Wildäsungsgrünland nichts mehr bietet, sind die Verbißgehölze in ihrer ganzen Fläche zu öffnen und dienen nun mit den Winterdirektäsungspflanzen auf Äsungsackerland als Winteräsung – vor allem für Rotwild, aber auch für Rehwild und evtl. andere Schalenwildarten. Denn einer der wesentlichsten Vorteile solcher Verbißgehölze ist der, daß sie Winterdirektäsung liefern können; und dafür sollten sie bevorzugt werden.

Im zeitigen Frühjahr erfolgt dann das Abmähen aller nicht abgeästen Triebe ca. 10 bis 20 cm über dem Boden; anschließend wird wieder gegattert, und im Mai erfolgt eine intensive Düngung.

Nur wenn eine Verbiß-Gehölz-Kultur in dieser Weise betrieben wird, kann sie auf relativ kleiner Fläche über viele Jahre jährlich große Mengen an wertvoller Verbiß-Äsung liefern, und ihre Bewirtschaftung ist rationell möglich. Eine Anpflanzung einzelner oder doch weniger Verbißgehölzpflanzen im Revier ist wenig effektiv. Und die Anlage größerer Flächen ohne entsprechende jährliche Pflege ist unrationell. Lediglich dort, wo Flächen ausreichend zur Verfügung stehen und anderweitig nicht besser genutzt werden können – also für eine land- oder forstwirtschaftliche Nutzung nicht benötigt werden – können die Dinge z. T. etwas anders liegen. Aber ganz allgemein gilt auch für eine Äsungsgehölzkultur im Wildgehege: auf kleiner Fläche höchste Mengen an wertvoller Äsung produzieren, weil man so die größte Effizienz je Aufwandeinheit erzielt.

Eine der entscheidendsten Fragen bei der Anlage eines Äsungsgehölzes ist die Wahl der anzupflanzenden Gehölzarten. Wichtig ist, daß die zu kultivierenden Gehölze von der betreffenden Wildart in diesem bestimmten Biotop auch tatsächlich als Äsung angenommen werden. Zweitens aber ist auch wichtig, daß diese Gehölze hohe jährliche Erträge an wertvoller Äsung liefern. Beides zusammen ist nur bei relativ wenigen Arten vereinigt, und diese sind entsprechend wertvoll für die Schaffung solcher Intensiv-Verbißgehölze.

Nach unseren bisherigen Versuchen (JAHN-DEESBACH, 40) haben sich

Pfaffenhütchen
Salweide
Roteiche
Immergrüner Liguster,

teilweise aber auch

Eschenblättriger Ahorn
Weißer Hartriegel
und einige andere Arten

bewährt. Weitere Versuche in dieser Richtung – vor allem in sehr unterschiedlichen Biotopen – sind jedoch noch notwendig. Denn oft wird eine Art, so z. B. die Robinie, in einem Revier sehr gut verbissen, im anderen kaum. Dies gilt offenbar auch für viele andere Gehölzarten.

Äsungsgrünland

In allen starkbesetzten Schalenwildrevieren spielt das Äsungsgrünland zur Schaffung großer Mengen wertvoller Äsung eine wichtige Rolle. Während die Äsungsgehölze und das Äsungsackerland aber sowohl Sommer- wie Winter-Direktäsung liefern können und vor allem der Produktion von Winter-Direktäsung dienen sollten, kann das Äsungsgrünland nur Sommer-Direktäsung bieten – und evtl. natürlich Winterfutter in Form von Grassilage und Heu. Deshalb muß die Produktionskapazität der Grünlandflächen für Sommeräsung auch voll ausgeschöpft werden, zumal auf diesem Wege die Sommeräsung am billigsten zu erzeugen ist.

Die Vorteile des Äsungsgrünlandes bestehen im einzelnen vor allem in folgendem:

a. Oft sind die Flächen sowieso schon vorhanden und es bedarf also keiner Neuanlage – wohl aber in vielen Fällen einer Meliorationsdüngung; wo eine Neuanlage notwendig wird, ist dies eine einmalige Aufwendung für viele Jahre.
b. Auch nicht-pflugfähige Flächen können so zur intensiven Äsungsproduktion benutzt werden, so daß die pflugfähigen für Äsungsackerland reserviert bleiben können.
c. Es ist keine jährliche Bodenbearbeitung notwendig (wohl aber natürlich eine Pflegebearbeitung!).
d. Die Äsungsproduktion läßt sich bis zu einem gewissen Grade durch entsprechende Düngungs- und Nutzungsweisen nach Menge und Qualität dem Äsungsbedarf anpassen.
e. Die Gewinnung von hochwertigem Winterfutter (Silage und Heu) ist möglich.

Demgegenüber stehen aber auch große Nachteile:

a. Das Äsungsangebot im Vorwinter und Nachwinter ist nur sehr gering und im Winter selbst meist praktisch gleich null.

b. Schwarzwild kann auf Äsungsgrünland beträchtlichen Schaden verursachen, dessen Beseitigung nicht immer billig ist.

Im Gehegerevier ergeben sich aus diesen Vor- und Nachteilen je nach Wildarten, Gehegegröße und Besatzstärke sehr verschiedene Voraussetzungen und Notwendigkeiten für eine rationelle Äsungsproduktion auf den Äsungsgrünlandflächen. In den meisten Fällen ist es zweckmäßig, folgendes Ziel anzustreben:

Die Gesamtfläche an Äsungsgrünland und die Düngungsintensität müssen so groß sein, daß das Wild vom Frühjahr bis möglichst in den Spätherbst ausreichend Grünäsung auf den Äsungsgrünlandflächen findet.

Das bringt es zwar mit sich, daß in den Hauptwachstumszeiten der Grünlandvegetation ein Überangebot an Äsung vorhanden ist, so daß ein Mähen – wenigstens eines Teils der Flächen – notwendig wird, was aber sowieso durchgeführt werden muß. Das Mähen dieser Teilflächen sollte früh – meist schon im Mai – beginnen und in mehreren Abschnitten erfolgen, so daß immer wieder Teilflächen mit jungem Grasaufwuchs vorhanden sind.

Sehr zweckmäßig ist aus diesem Grunde die Schaffung von entsprechendem Siloraum – am besten in Form von Hochsilos –, um relativ unabhängig vom Wetter mähen und das Gras als Wintersaftäsung gewinnen zu können.

Weitere Gesichtspunkte, die für die Schaffung und Bewirtschaftung von Äsungsgrünland im Gehegerevier wichtig sind, sind folgende:

Wo die Flächen noch zu klein sind und vom Wild *zu* stark herabgeäst bzw. *zu* kurz gehalten werden, sind Teilflächen zeitweilig abzugattern, um den Pflanzen zunächst ein ungestörtes Wachstum zu ermöglichen. Sehr intensiv beästes Grünland braucht viele kleinere Düngergaben — z. B. 6 bis 8 Gaben eines Volldüngers — verteilt über die Vegetationszeit.

Wo ausreichend große Äsungsgrünlandflächen im Gehege vorhanden sind und im Mai bis Juli mehr Äsung wächst, als zu dieser Zeit als Direktäsung benötigt wird, muß der Düngungsrhythmus ein anderer sein: Es wird im Frühjahr nur wenig oder auch gar keine Düngung gegeben, dafür aber wird im Spätsommer – etwa ab Mitte August – sehr stark gedüngt, um das Wachstum und damit die Äsungsproduktion im Herbst zu verlängern. Gleichzeitig wird dadurch erreicht, daß die so gedüngten Flächen im Frühjahr früher mit dem Wachstum beginnen und Äsung liefern. Dies gilt für die Verwendung von Volldüngern oder bei Verwendung von Einzeldüngern für die Stickstoffdüngung. Die Höhe und die Form der Düngung hängt selbstverständlich vom Nährstoffversorgungsgrad des Bodens ab, und es muß darüber von Fall zu Fall entschieden werden. Auf sehr intensiv beästen Flächen können jährliche Nährstoffgaben von

200 kg/ha N
80–100 kg/ha P_2O_5
100–160 kg/ha K_2O

zweckmäßig sein; auf weniger stark beästen Flächen können auch

40– 60 kg/ha N
40– 60 kg/ha P_2O_5
80–100 kg/ha K_2O

ausreichend sein.

Wichtig ist aber auch, daß eine vom Wild *gern angenommene Grünäsung* produziert wird.

In unseren langjährigen Versuchen (Jahn-Deesbach; Heymann, 41) haben sich auf gut mit Nährstoffen versorgten Böden Mehrnährstoffdünger vom Typ „blau, 12×12×17×2" mit Gehalten von

12 % N, 12 % P_2O_5, 17 % K_2O, 2 % MgO und Spurenelementen

zur laufenden Düngung sehr gut bewährt. Offenbar spielt die bei jedem Düngungstermin gegebene Kombination aller wichtigen Nährstoffe eine entscheidende Rolle für die Annahme der Grünäsung durch das Wild.

Wenn eine getrennte Düngung erfolgte, also die PK-Düngung im Herbst oder Frühjahr und die N-Düngung verteilt über das Jahr, so hat sich als Stickstoffdüngemittel

„Stickstoffmagnesia mit Kupfer (20 % N, 8 % MgO, 0,2 % Cu)"

besonders gut bewährt. Am ungünstigsten war hier die Beäsung bei Verwendung von Kalkammonsalpeter.

Es sei jedoch nochmals betont: Die Grundlage für eine richtige Düngung ist die Kenntnis der Bodenuntersuchungsbefunde. Vor allem zu niedrige oder im Einzelfalle auch zu hohe Gehalte an bestimmten Nährstoffen im Boden müssen Berücksichtigung finden, wenn Fehler vermieden und optimale Leistungen erreicht werden sollen. An dieser Stelle sei auch ein Wort zu den sogenannten „Spurenelementen" gesagt, zumal über diese Frage sehr große Unkenntnis verbreitet ist. Es ist keineswegs so, daß der Mangel an Spurenelementen die Regel ist; und es ist keineswegs notwendig oder gar richtig, in jedem Falle nun Spurennährstoffdünger anzuwenden. Auf keinen Fall darf man gerade bei den Spurennährstoffen glauben: „viel hilft viel". Es können durch eine überhöhte Zufuhr von bestimmten Spurennährstoffen auch große, nicht so schnell wieder gutzumachende Schäden verursacht werden. Die Beachtung dieser Spurenelemente ist zweifellos sehr wichtig; aber der richtige Weg führt über eine exakte Analyse des Bodens bzw. der Pflanzen.

Schließlich ist für die Neuanlage einer Äsungsgrünlandfläche zu berücksichtigen, daß vor allem auch solche Grünlandpflanzenarten angesät werden, die im Frühjahr schon sehr zeitig bzw. im Spätherbst noch sehr lange Äsung liefern. Eine Mischung, die sich sehr gut bewährt hat, ist die „Universalmischung für Wildäsungsgrünland" nach Jahn-Deesbach und Stählin (37), die folgende Zusammensetzung hat:

3,0 kg/ha Weißklee
2,0 kg/ha Hornklee oder auf feuchten Standorten 1 kg Sumpfschotenklee
3,0 kg/ha Wiesenrispe
1,5 kg/ha Straußgras
7,0 kg/ha Lieschgras
7,0 kg/ha Knaulgras.

Flächen mit dieser Mischung müssen aber schon relativ früh im Jahr – im Mai – einmal gemäht werden, wenn das Knaulgras geschoben hat.

Ein besonderes Problem für das Äsungsgrünland ergibt sich in Schwarzwildrevieren. Einerseits stellt der junge Aufwuchs eine wertvolle Nahrung für das Schwarzwild dar. Das macht es notwendig, daß die Flächen möglichst oft gemäht werden, damit immer gern angenommene und gut verdauliche, junge Grünäsung vorhanden ist.

Andererseits entwickelt sich in einem gut bewirtschafteten Grünlandboden ein sehr reges Bodenleben (Würmer, Colembolen und andere Kleintiere), was das Schwarzwild – vor allem wenn es sonst Mangel an hochwertigem Eiweiß leidet – dazu veranlaßt, solche gut gedüngten und gepflegten Grünlandflächen umzubrechen und mehr oder weniger stark zu schädigen bzw. den Bestand sogar zu vernichten.

Hier sind zwei Dinge notwendig:

1. Gute Versorgung des Schwarzwildes mit tierischem Eiweiß und mit Mineralstoffen.

Und wo dies allein nicht genügt:

2. Schwarzwildsichere, halbhohe Abgatterung der Äsungsgrünflächen, so daß sie nur

noch den anderen Schalenwildarten zugänglich sind, und Schaffung von Grünäsung für das Schwarzwild auf Wildäsungsackerland – etwa in Form von Klee, Klee-Gras-Gemischen oder anderen Grünfutterpflanzen.

Abschließend sei zum Äsungsgrünland nochmals gesagt: Das Äsungsgrünland muß in solch einem Umfange und mit so hoher Intensität bewirtschaftet werden, daß der Wildbestand während einer sehr langen Zeitspanne vom zeitigen Frühjahr bis in den Spätherbst so optimal wie möglich mit Grünäsung versorgt ist. Es gibt während des Sommerhalbjahres keine rationellere Nährstoffversorgung des Wildes – entsprechendes Gelände vorausgesetzt.

Äsungsackerland

Das Äsungsackerland ist die intensivste und wertvollste Äsungskulturart und hat eine ganze Reihe von Vorteilen aufzuweisen (Jahn-Deesbach, 35):

a. Es können Äsungspflanzen angebaut werden, die sich vor Winter stark entwickeln und dann während des ganzen Winterhalbjahres Winter-Direktäsung liefern – im Vorwinter, im Hochwinter und vor allem auch im sonst so äsungsarmen Nachwinter, wenn also das Äsungsgrünland keine oder nur unbedeutende Äsung bietet. Damit ist aber auch das Wild während des Winterhalbjahres wenigstens in beschränktem Umfange zeitweise mit „Äsungsarbeit“ beschäftigt.

b. Es können wintergrüne, frostharte Äsungspflanzen angebaut werden, die dem Wild *Winter-Grünäsung* bieten. Dies ist aus verschiedenen Gründen besonders wertvoll: Einmal nimmt das Wild mit dieser Winter-Grünäsung die Provitamine A (Carotin) und D (Ergosterin) auf, was für die Gesunderhaltung und das Wachstum von großer Bedeutung ist (siehe hierzu auch Kapitel 8 und 9).
Zweitens aber löst diese Winter-Grünäsung zwei andere Probleme: Oft herrscht während des Winterhalbjahres Mangel an Saftäsung – vor allem dann, wenn nicht Grünfuttersilage, Rüben u. ä. in ausreichender Menge gereicht werden. Das ist in vielen Fällen *mit ein* Grund für verstärkte Schälschäden. Das führt in der Übergangszeit zur Sommer-Grünäsung, aber teilweise auch zu Ernährungs- und Gesundheitsstörungen beim Wild, weil es zu einer gierigen Aufnahme der jungen, eiweißreichen und ballastarmen Grünäsung auf den Äsungsgrünlandflächen kommt. Dies fällt weg, wenn dem Wild auch während des Winters wenigstens ein Teil an Grünäsung zur Verfügung steht, weil dann eine Umstellung nicht zu erfolgen braucht.

c. Es können Pflanzen angebaut werden, die besonders hohe Gehalte z. B. an Eiweiß, Phosphat und Kalzium haben (wichtig für das Gesamtwachstum, die Fruchtausbildung sowie für die Geweihbildung).

d. Es können verschiedenartige Pflanzen angebaut werden, um so dem Wild Abwechslung in der Äsung zu bieten.

e. Man kann je Flächeneinheit sehr große Äsungsmengen produzieren, braucht also nur eine relativ kleine Fläche als Wildäsungsfläche.

f. Die auf den Flächen abgesetzte Losung wird beim nächsten Pflügen mit untergearbeitet.

Auf eine Reihe weiterer Vorteile, die das Äsungsackerland grundsätzlich hat, soll hier nicht näher eingegangen werden, weil sie vor allem für die Äsungsverbesserung in Nicht-Gehegerevieren größere Bedeutung haben.

Um diese vorstehend genannten großen Vorteile des Äsungsackerlandes nutzen zu können, müssen nun aber auch einige Nachteile – etwa gegenüber dem Äsungsgrünland – in Kauf genommen werden:

a. Der Boden muß regelmäßig – meist jährlich – bearbeitet werden.
b. Es muß praktisch jedes Jahr eine neue Aussaat erfolgen.
c. Die Flächen müssen im stärker besetzten Hochwildrevier zeitweilig gegattert werden – oft während der ganzen Sommerzeit.
d. Es ist eine Fruchtfolge notwendig, die einerseits höchste Äsungserträge erbringt, die andererseits aber auch den Boden gesund und leistungsfähig erhält.

Beim Abwägen der Vor- und Nachteile des Äsungsackerlandes überwiegen die Vorteile bei weitem; und insbesondere sind es eben die folgenden Tatsachen, die das Äsungsackerland so wertvoll machen:

Die Möglichkeit zur Schaffung von Winter-Direktäsung, vor allem auch von Winter-Grünäsung, die es einerseits erübrigt, diese Futtermengen erst zu ernten (– wie es etwa bei Silage und Heu von Äsungsgrünland notwendig ist –) und dann wieder zu verfüttern, und die andererseits das Wild auch im Winter teilweise mit Äsungssuche beschäftigt, es vor allem aber auch mit vitaminreicher Grünäsung versorgt. Und daraus resultiert dann aber auch, daß die Bewirtschaftung von Äsungsackerland in erster Linie dann sinnvoll ist, wenn diese Möglichkeiten genutzt werden. Nur in einigen wenigen Fällen ist das Ackerland auch zur Produktion von Sommeräsung zweckmäßig. Das trifft einmal zu, wenn die vorhandenen Flächen als Äsungsgrünland nicht Optimales leisten, weil sie etwas zu trocken sind. Es trifft ferner zu für Sommer-Grünäsungsflächen für Schwarzwild, wenn wiederholt starke Schäden an Äsungsgrünland durch Brechen entstehen (siehe auch die Ausführungen unter Abschnitt „Äsungsgrünland"). Auch hier kann die Sommeräsungsproduktion auf Äsungsackerland sehr zweckmäßig sein. Und es trifft schließlich noch zu, wenn dem Wild zu bestimmten Zeiten eine besonders wertvolle – z. B. sehr mineralstoffreiche – oder eine besonders beliebte Sommeräsung geboten werden soll. Auch zur Überbrückung von auf manchen Standorten im Sommerhalbjahr auftretenden kurzfristigen Mangelzeiten infolge zeitweiliger Minderleistung der Äsungsgrünlandflächen kann die Produktion von Sommeräsung auf Äsungsackerland gerechtfertigt sein.

Insgesamt jedoch gesehen – das sei nochmals mit allem Nachdruck gesagt – muß das Äsungsackerland zur Schaffung von Winter-Direktäsung dienen! Dabei ist es im Rehwildrevier ohne weiteres möglich, den Nährstoff-Bedarf des Wildes im gesamten Winterhalbjahr über Winter-Direktäsung auf Äsungsackerland – evtl. ergänzt durch Winter-Direktäsung auf Äsungsgehölzflächen – vollständig zu decken. Im Hochwildrevier wird der auf diesem Wege zu deckende Bedarfsanteil mit steigender Wilddichte kleiner werden. Aber hier ist für das Wild schon viel gewonnen, wenn es gelingt, die Grünäsungsperiode im Vorwinter einige Wochen zu verlängern und im Vorfrühling einige Wochen früher beginnen zu lassen, was mit entsprechenden Pflanzenarten und Bewirtschaftungsweisen immer möglich ist.

Als Winter-Direktäsungspflanzen kommen zum Anbau auf Äsungsackerland vor allem folgende in Frage:

Hochleistungsfähige Markstammkohle, die auf Grund ihrer beschränkten Frosthärte vor allem als Vorwinter-Direktäsung wertvoll sind. Sie können bei der Aussaat im Frühjahr bzw. Vorsommer und intensiver Düngung Grünmasse-Erträge von 800 bis 1000 dz/ha erbringen. Reich an Eiweiß, Mineralstoffen (vor allem Kalzium) und Provitamin A und D.

Ertragreiche Blattstammkohle, die mit ihrer guten Frosthärte auch nach stärkerem Frost Winter-Direktäsung liefern. Sie können 400 bis 700 dz/ha an Grünmasse bringen. Reich an Eiweiß, Mineralstoffen (vor allem Kalzium) und Provitamin A und D.

Drehtor. Phot. Prinz Reuß

TAFEL 9

Schwimmtor. Phot. H.-H. Hatlapa

Schiebetor, Wildpark Eekholt. Phot. H.-H. Hatlapa

TAFEL 10

Schwenktor, Wildpark Eekholt. Phot. H.-H. Hatlapa

Ertragreiche Winterrapse, die mit ihrer guten bis sehr guten Frosthärte und ihrem hervorragenden Wiederaustriebsvermögen nicht nur im Vor- und Hochwinter, sonden auch im Nachwinter bzw. sehr zeitig im Frühjahr Grünäsung liefern. Erträge von 400 bis 600 dz/ha Grünmasse sind mit entsprechenden Sorten und intensiver Düngung heute ohne weiteres zu erreichen. Bei mehrmaliger Nutzung – etwa einem Abäsenlassen im Winter und einem Nachwachsenlassen und Wiederabäsen im zeitigen Frühjahr – erhöht sich die Flächenleistung auf das Doppelte. Nach eigenen langjährigen Versuchen sind auch dreimalige Nutzungen (im Sommer, im Winter, im Frühjahr) durchaus möglich. Reich an Eiweiß, Mineralstoffen (vor allem Kalzium) und Provitamin A und D.

Leistungsfähige Winterwicken (Zottelwicken), die mit ihrer sehr guten Frosthärte und ihrem bei entsprechendem Anbau guten Wiederaustriebsvermögen ebenfalls als Vor- und Hochwinter-Grünäsung oder auch als Nachwinter-Grünäsung wertvoll sind. Reich an Eiweiß, Mineralstoffen, vor allem auch an Phosphat und Provitamin A und D.

Hochertragreiche Körnermaise, die nach voller Reife eine hochwertige Trockenäsung im Winter liefern und von allen in Frage kommenden Wildarten gerne genommen werden. Erträge von 60 bis 80 dz/ha Korn und zusätzlich größere Mengen an von Rotwild, Damwild und Muffelwild, teilweise auch von Rehwild verwertbaren abgetrockneten Blättern sind zu produzieren. Reich an Kohlehydraten.

Ertragreiche Topinamburkulturen, deren Blattmasse zwar bei geringem Frost schon erfriert und deren Knollen bei stärkerem Frost dem Wild nicht ohne weiteres zugänglich sind, die aber in Form der frosttrockenen Blattmasse Winter-Trockenäsung liefern und die in Form der Knollen in frostfreien Perioden im Winter, besonders aber im Nachwinter, Saftäsung bieten. Reich an Kohlehydraten.

Hinzu kommen weitere Pflanzen, die während des Winters oder aber zumindest im Vor- oder Nachwinter Direktäsung liefern können: Winterroggen, speziell Waldstaudenroggen; Winterrübsen; reife Ackerbohnen; reife Süßlupinen; Zuckerrüben; Kartoffeln u. a.

Hervorragend bewährt haben sich auch verschiedene Äsungspflanzen-Kombinationen, so z. B. der gemeinsame Anbau von Hafer oder Sommerweizen im Gemisch mit Winterkohlen (Blattstammkohlen) oder Winterraps, die bei gemeinsamer Aussaat im Frühjahr eine attraktive Sommeräsung in Form von milchreifem Getreide und nach Wiederabgatterung und intensiver Nachdüngung Winter-Direktäsung in Form von Kohl oder Raps liefern, so daß eine mehrmalige Nutzung der Fläche bei einmaliger Bestellung erfolgt und die Gesamtäsungsproduktion auf solchen Flächen sehr hoch wird (30 bis 40 dz/ha Korn und 400 bis 600 dz/ha Kohl-Grünmasse).

Abschließend soll zum Abschnitt „Äsungsackerland" nochmals deutlich gesagt werden:

Das Äsungsackerland ist dazu da, quantitativ, qualitativ und zeitlich vor allem *die* Lücken zu schließen, die das Äsungsgrünland offenlassen muß. Und es ist dazu da, daß das Wild sich dort selbst seine Äsung sucht und auch im Winterhalbjahr dabei entsprechend beschäftigt ist. Damit aber fällt auch ein wesentlicher Kostenfaktor, der sonst bei der Bewirtschaftung von Ackerland vorhanden ist, nämlich die Ernte sowie der Transport und die evtl. Konservierung der Ernteprodukte, fort. Und damit ist die intensive Winteräsungsproduktion auf Äsungsackerland trotz der höheren Anbaukosten je Flächeneinheit doch sehr rationell.

Schlußbetrachtungen

Der Anlage und Bewirtschaftung von leistungsfähigen Wildäsungsflächen kommt in einem Wildgehege größte Bedeutung zu. Die wichtigsten allgemeingültigen Grundsätze für die Durchführung dieser Maßnahmen sind hier dargelegt worden, und die gemachten Ausführungen mögen dazu geeignet sein, dem Interessierten ein klares Bild von den grundsätzlichen Gegebenheiten, Problemen und Möglichkeiten zu vermitteln.

Es ist hier nicht möglich, alle Variationen zu erörtern und für den Einzelfall verbindliche Vorschläge zu machen. Entscheidend ist in jedem Falle, daß von Anfang an eine klare Konzeption erarbeitet wird und die Maßnahmen sachkundig geplant und durchgeführt werden.

Zumindest für die fachgerechte Planung und die ersten Jahre der Bewirtschaftung kann es sehr zweckmäßig sein, einen Spezialberater in Anspruch zu nehmen. Denn die natürlichen, die technischen und ökonomischen sowie nicht zuletzt die persönlichen Vorbedingungen und Ansprüche sind jeweils andere, und so muß auch die Äsungsproduktion in jedem einzelnen Gehege anders gestaltet werden, wenn sie eine für den speziellen Fall *optimale* Lösung sein soll.

Kapitel 12 Gehegehygiene und Bekämpfungsmöglichkeiten von Wildkrankheiten

Richtlinien für prophylaktische und therapeutische Maßnahmen im Wildgehege

In Wildgehegen, wie auch in der freien Wildbahn, nehmen die Übertragungsmöglichkeiten für Infektions- und Invasionskrankheiten mit steigender Wilddichte zu. Da Gehege in der Regel einen hohen Wildbesatz aufweisen, treten Krankheiten häufiger mit schwerwiegenden Folgen auf, als dies in freier Wildbahn der Fall ist. Eine Behandlung kranker Tiere stellt aber auch in einem Gehege, vor allem in großen Jagdgattern, vielfach ein schwer lösbares Problem dar. Der Prophylaxe kommt daher große Bedeutung zu, weshalb beim Bau eines Geheges, aber auch bei einem bereits bestehenden Gehege, gewisse Einrichtungen für vorbeugende Maßnahmen einzuplanen bzw. zu schaffen sind.

Beim Bau eines neuen Geheges muß von vornherein festliegen, welche Tierarten man halten will, um das Terrain entsprechend auszuwählen und den Erfordernissen anzupassen (Anlegen von Wildäckern, Trockenlegen von sumpfigen Stellen etc. etc.). Letzteres gilt auch für bestehende Gehege. Darüber hinaus sind auch genaue Erkundigungen über die in diesem Gebiet herrschenden Haustierkrankheiten (Übertragungsmöglichkeit) anzustellen. Sollen Rinder- oder Schafweiden in ein Gehege einbezogen werden, so soll der letzte Weidegang mindestens ein Jahr zurückliegen (ausgenommen Saupark). Besondere Vorsicht ist in Leberegelgebieten geboten.

Eine vordringliche Maßnahme ist die Einrichtung eines Isolationsgeheges oder (und) Isolationsstalles. Jeder Neuankauf soll vor Überstellung ins Hauptgehege mindestens 3 bis 4 Wochen in einem solchen Isolationsgehege (-stall) beobachtet und untersucht werden (achten auf Bewegungsstörungen, Verhaltensänderungen, Untersuchung von Losungsproben). Können innerhalb dieser Beobachtungszeit keine Krankheiten festgestellt werden, und erscheint das Tier klinisch gesund (Beurteilung durch Fachmann), so steht einer Entlassung ins Hauptgehege nichts im Wege. Wertvolle erkrankte Tiere können auch dort behandelt werden. Ein Isolationsgehege darf nicht zu groß sein (maximal 5000 qm, besser sind mehrere kleine Abteilungen) und muß so angelegt und beschaffen sein, daß isolierte Tiere nicht ausbrechen können, eine Verbreitung von Krankheitserregern in das Hauptgehege ausgeschaltet werden kann und Möglichkeiten einer Desinfektion gegeben sind. Ferner sollte das Isolationsgehege (auch der Isolationsstall) immer an der äußeren Gehegeumzäunung liegen und von außen zugänglich sein, so daß neugekaufte Tiere direkt dorthin gebracht werden können, ohne mit dem übrigen Gelände in Berührung zu kommen. Zumindest muß aber ein solches Isolationsgehege (-stall) neben einem Gehegeeingang liegen. Die Verbreitung von Krankheitserregern durch Kontakt wird bei einem mit Drahtgeflecht umspannten Isolationsgehege am besten durch die Errichtung eines zweiten Zaunes im Abstand von 1 m ausgeschaltet. Zwischen den beiden Zäunen sollte nach Möglichkeit ein fester Boden ohne Grasnarbe, ein Schotter- oder Sandboden sein. Zweckmäßig wird der innere Zaun mit dichten Schilfmatten u. ä. umgeben, damit das dort befindliche Wild von außen nicht sehr beunruhigt wird. Die zusätzliche Einfriedigung mit Eternitplatten verhindert das Einwandern von Schnecken, die wichtige Zwischenwirte sind. Dazu werden mindestens 40 cm hohe Eternitplatten ca. 10 cm in die Erde eingelassen und durch Holzpflöcke verbunden. Die freien Flächen der Platten werden zweimal im Jahr gut mit Teer bestrichen (etwa April und August). Das Isolationsgehege sollte einen festen Boden ohne Grasnarbe aufweisen. Wo dies nicht möglich ist, muß aber die Wiesenfläche jederzeit leicht umgepflügt oder einer chemischen Behandlung unterzogen werden können. Eine kleine Baumgruppe (Stangenholz ohne Unterholz) kann mit einbezogen werden, Sträucher sind zu entfernen. Tränken und Futtertröge müssen leicht zu reinigen sein und saubergehalten werden. Beim Eingang ins Isolationsgehege muß mindestens die Möglichkeit zur Desinfektion des Schuhwerkes (mit einer Desinfektionslösung getränkte Matte) vorhanden sein; dies gilt auch für den Isolationsstall. Die Möglichkeit zur Anlage eines Seuchenteppichs sollte auch bei den Haupteingängen ins Gesamtareal gegeben sein. Jeder Gehegebesitzer müßte es sich zum Grundsatz machen, Fallwild oder geschossene, krankerscheinende Tiere prinzipiell an eine geeignete Untersuchungsstelle zu schicken, um den Gesundheitszustand der gehaltenen Tiere unter dauernder Kontrolle zu haben.

Prophylaktische und therapeutische Maßnahmen gegen bakterielle und virusbedingte Infektionskrankheiten

In den meisten Gehegen werden überwiegend Schalenwildarten gehalten, bei denen die parasitären Krankheiten vorherrschen. Trotzdem muß beim Ankauf auch an bakterielle und virusbedingte Krankheiten gedacht werden, vor allem bei Tieren, die aus zoologischen Gärten oder aus Tierhandlungen stammen. Bereits beim Kauf ist es angebracht, sich über mögliche Seucheneinschleppungen zu informieren. Beim wiederkäuenden Schalenwild z. B. ist an Tuberkulose zu denken. Tuberkulosepositive Tiere wird man überhaupt nicht kaufen; auf keinen Fall sollten sie aber ins Hauptgehege überstellt werden. Sollen Wisente, Auerochsen oder irgendwelche Rinderrassen eingestellt werden, so ist u. a. die Maul- und Klauenseuche und die Brucellose (Abortus

Abb. 14. Entwicklungszyklen: a = Kleine Lungenwürmer, b = Große Lungenwürmer, c = Trichostrongyliden und Strongyliden

Bang) zu berücksichtigen. Bei Gemsen ist auf die Gamsblindheit und die Papillomatose (Lippengrind) zu achten, bei Wildschweinen auf die Schweinepest etc. und bei Equiden etwa auf den Rotz, wenn sie aus dem Osten stammen. Gehege, die nicht mit einer Mauer umgeben sind oder werden, sollten von einem fuchsdichten Drahtgeflecht umgeben sein, um einer Einschleppung der Tollwut möglichst vorzubeugen. Nach dem Ankauf ist die wichtigste prophylaktische Maßnahme die Beobachtung im Isolationsgehege (-stall).

Sind in der Umgebung des Geheges bei Haustieren auf das Wild übertragbare Seuchen ausgebrochen, so sind die veterinärpolizeilichen Schutzmaßnahmen streng einzuhalten. Das gilt natürlich auch, wenn im Gehege eine anzeigepflichtige Tierseuche ausgebrochen ist. Therapeutisch lassen sich in großen Jagdgattern wie in freier Wildbahn bakterielle und virusbedingte Infektionskrankheiten, von wenigen Ausnahmen abgesehen, kaum beeinflussen. Hingegen sind in „Wildparks für Besucher" größere therapeutische Möglichkeiten gegeben. Hier ist aber unbedingt ein Tierarzt heranzuziehen.

Prophylaktische und therapeutische Maßnahmen gegen parasitäre Krankheiten

Zu den häufigsten Krankheitsursachen in einem Wildgehege zählen die tierischen Schmarotzer (Endo- und Ektoparasiten). Beim Wiederkäuer nehmen dabei die sogenannten Magen-Darmwürmer (vorwiegend Trichostrongyliden und Strongyliden)

und großen und kleinen Lungenwürmer eine vorrangige Stellung ein. Der Entwicklungszyklus der Trichostrongyliden, Strongyliden und großen Lungenwürmer ist direkt, d. h. die mit der Losung vom Wirttier ausgeschiedenen parasitären Objekte (Eier oder Larven) erreichen im Freien das infektionsfähige Larvenstadium. Diese infektionsfähigen Larven wandern meist an Gräsern empor, wodurch sie sich dem Endwirt geradezu anbieten. Die kleinen Lungenwürmer haben einen sogenannten indirekten Entwicklungszyklus; die mit der Losung ins Freie gelangenden Larven müssen hier in einen Zwischenwirt (Schnecken) gelangen, um das infektionsfähige Stadium erreichen zu können. Die Infektion des Endwirtes erfolgt durch Aufnahme des Zwischenwirtes. Beim Rotwild ist noch besonders *Elaphostrongylus cervi* zu erwähnen, eine Wurmart, die hauptsächlich im inter- und intramuskulären Bindegewebe der Schulter- und Halsmuskulatur sowie teilweise im Zentralnervensystem lokalisiert ist. Der Entwicklungszyklus ist indirekt und gleicht weitgehend dem der kleinen Lungenwürmer.

Auch ein Befall mit Rachenbremsenlarven oder Dasselfliegenlarven kann unangenehm in Erscheinung treten. Bei Gemse und Alpensteinbock ist noch besonders auf Räudemilben *(Sarcoptes rupicaprae)* zu achten. Die Übertragung erfolgt hauptsächlich durch Kontakt von Tier zu Tier oder auch durch die Benützung gleicher Lager- und Scheuerstellen. In Schau- und Kleingehegen sind bei den Wiederkäuern noch die Kokzidien (direkte Entwicklung) zu beachten. Beim Wildschwein ist den Spul-, Haken-, Magen- und Lungenwürmern besonderes Augenmerk zu schenken. Der Entwicklungszyklus des Schweinespulwurmes *(Ascaris suum)* ist direkt. Es werden mit der Losung Eier ausgeschieden, in denen sich im Freien das infektionsfähige Larvenstadium entwickelt, ohne allerdings die schützende Eihülle zu verlassen. Die Hakenwürmer *(Globocephalus urosubulatus)* entwickeln sich ebenfalls direkt, die Invasionslarve bohrt sich hier durch die Haut (perkutane Invasion), kann aber auch per os aufgenommen werden. Die Lungenwürmer (Metastrongyliden) und Magenwürmer (meist die Arten *Ascarops strongylina* und *Physocephalus sexalatus)* benötigen wiederum einen Zwischenwirt, als solche fungieren bei ersteren Regenwürmer, bei letzteren Mistkäfer. Auch an die Schweineräude muß gedacht werden (Erreger *Sarcoptes suis*). Bei den Equiden sind vor allem die großen und kleinen Palisadenwürmer (Strongyliden) und die Spulwürmer *(Parascaris equorum)* zu beachten und vielfach noch die Bandwürmer und Magenbremsenlarven. Die Bandwürmer haben kleine Hornmilben (Oribatina), die praktisch auf jeder Weide vorkommen, als Zwischenwirte. Von Neuankäufen sind unbedingt frische Losungsproben parasitologisch untersuchen zu lassen, damit nötigenfalls eine Wurmkur durchgeführt werden kann. Parasitenträger dürfen erst nach erfolgreich durchgeführter Wurmkur (Kontrolluntersuchung) ins Hauptgehege überstellt werden. Besondere Vorsicht ist bei Befall mit dem Großen Leberegel, *Fasciola hepatica,* am Platz; leberegelbefallene Tiere werden besser überhaupt nicht gekauft.

Die wichtigste prophylaktische Maßnahme und oberstes Gebot ist ganz allgemein die Stärkung oder Aufrechterhaltung der Widerstandskraft der Tiere. In ihrer Widerstandskraft geschwächte Tiere erwerben und beherbergen bei gleicher Infektionsmöglichkeit eine weit zahlreichere Parasitenpopulation als widerstandsfähige. Die herabgesetzte Widerstandskraft eines Tieres kann durch verschiedene Faktoren bedingt sein. In vielen Fällen liegt jedoch ein Mangelzustand vor, wobei es sich sowohl um eine qualitative als auch quantitative Mangelernährung handeln kann. Daher ist der Fütterung besonderes Augenmerk zu schenken, schon deswegen, weil in der Regel auch im Sommer die Äsung für den Wildbestand nicht ausreichend ist. Das Anlegen von Wildäckern, die Düngung der Wildäcker und der Äsungsflächen sowie die Regulierung des Mineralstoff- und Vitaminhaushaltes ist dringend notwendig. Bei vielen parasitären Infektionen ist entweder der Bedarf an Vitamin A erhöht, oder die Vitamin-A-

Resorption gestört. Festzuhalten ist weiter, daß Mangelzustände auch auf die Schadwirkung einer bereits vorhandenen Parasitenpopulation Einfluß nehmen. Infektionen mit Magen-Darmwürmern z. B. werden während der Grünäsungsperiode erworben, zu Krankheitsausbrüchen kommt es vielfach aber erst Ende Winter/Anfang Frühling, wenn es zu einer Erschöpfung wichtiger Stoffe gekommen ist und der Organismus nicht mehr in der Lage ist, den Immunitätsstatus und damit ein ausgeglichenes Wirt-Parasit-Verhältnis aufrechtzuerhalten. Dazu kommen im Frühjahr die Neuinfektionen mit der überwinterten Parasitenbrut. Erste Voraussetzung ist daher die Schaffung einer sowohl qualitativ als auch quantitativ ausreichenden Ernährungsbasis das ganze Jahr über. In großen Gehegen, in denen die Tiere nicht ganzjährig gefüttert werden oder zur Fütterung kommen, können Mineralstoffe über Lecksteine als Sicherungszusatz angeboten werden.

Besonderes Augenmerk ist auch den Futterplätzen zu schenken. Bei periodischer Fütterung ist es angebracht, Futterstellen nach Möglichkeit an Plätzen zu errichten, die nur während der Fütterungsperiode aufgesucht werden oder nicht direkt an eine Äsungsfläche angrenzen oder von Natur aus nahrungslos sind. Wenn auch während der Winterfütterungsperiode die Ausscheidung von Wurmeiern gering und die Temperaturen für eine Weiterentwicklung dieser Eier zu tief sind, so kommt es doch nach und nach zu einer Anhäufung von Parasitenbrut. Die Larven der kleinen Lungenwürmer werden auch im Winter ziemlich zahlreich ausgeschieden. Im Frühjahr steigt dann die Eierausscheidung, und zusätzlich erreichen die Temperaturen Werte, die für eine Weiterentwicklung ausreichen, respektive treten die für die kleinen Lungenwürmer notwendigen Zwischenwirte auf, so daß dann eine erhöhte Infektion gegeben ist, wenn die Tiere an die Futterstellen zurückkehren. Es ist daher angezeigt, im Frühjahr nach Abschluß der Fütterung den Platz gründlich zu reinigen. Wo Tiere das ganze Jahr über zur Fütterung kommen, muß unbedingt in Trögen, auf Tischen und in Raufen das Futter verabreicht werden, denn hier besteht die Möglichkeit einer Parasiteninfektion. Befindet sich der Futterplatz auf einer Äsungsfläche, so werden günstigerweise um die Fütterung Wildäcker angelegt, die regelmäßig bearbeitet und zu verschiedenen Zeiten freigegeben werden. Weiterhin sollte um die Futtertröge und Futtertische möglichst fester, trockener Boden ohne Grasnarbe vorhanden sein. Wo dies nicht möglich ist, ist es günstig, um die Futterstellen das Gras öfter im Jahr abzumähen und wegzubringen. Gemäht muß in den Morgenstunden werden, solange sich noch die infektionsfähigen Trichostrongyliden- und Strongylidenlarven an den Gräserspitzen befinden.

Zu den Lecken kommen ebenfalls die Tiere das ganze Jahr über. Um die Möglichkeit einer erhöhten Parasiteninfektion zu reduzieren, sollen Lecken im Wald oder an steinigen oder sehr trockenen Plätzen errichtet werden, und zwar so, daß eine Verunreinigung der Lecksteine mit Losung nicht möglich ist.

In einem Saupark sind die Verhältnisse ungefähr gleich gelagert, auch hier muß auf die Stärkung und Aufrechterhaltung der Widerstandskraft der Tiere besonders geachtet werden. Wichtig ist noch das Anlegen von Frischlingsrechen, die für eventuelle Behandlungen eine Notwendigkeit darstellen. Wenn möglich wird auch der Sau das Futter in Trögen angeboten. Von einer Bekämpfung der Parasitenbrut an Futterplätzen kann abgesehen werden, weil diese meist undurchführbar oder aber vielfach von keinerlei Erfolg begleitet ist.

Wichtig für die Prophylaxe ist die regelmäßige parasitologische Untersuchung von Losungsproben und von erlegtem Wild, damit eine notwendige Therapie sofort eingeleitet und dadurch ein seuchenhafter Verlauf einer Parasitose (parasitäre Erkrankung) verhindert werden kann.

Therapeutisch beeinflußt können bei Wiederkäuern in Wildgehegen vor allem die Magen-Darmwürmer, der Große Leberegel und die Rachendassellarven sowie in geringem Ausmaß auch die Lungenwürmer werden, beim Wildschwein hauptsächlich die Spul-, Haken- und Lungenwürmer. In Schaugehegen und dort, wo mit Hilfe des Tierarztes das Narkosegewehr zum Einsatz gelangen kann, sind die therapeutischen Möglichkeiten weit größer.

Für die Bekämpfung der sogenannten Magen-Darmwürmer beim wiederkäuenden Schalenwild stehen die Präparate *Thibenzole*® (Wirkstoff: Thiabendazole, Hersteller: Merck, Sharp & Dohme, USA), *Banminth*® (Wirkstoff: Pyrantel Tartrat, Hersteller: Pfizer Inc. New York), *Morantel*® (Wirkstoff: 3 Methyl Pyrantel Tartrat, Hersteller: Pfizer Inc. New York; in Deutschland und Österreich noch nicht im Handel), *Neminil*® (Wirkstoff: Parbendazole[1]; Hersteller: Smith Kline and French Laboratories, USA), *Telmin*® (Wirkstoff: Mebendazole, Hersteller: Janssen Pharmaceutica, Beerse/Belgien) zur Verfügung.

Diese Medikamente sind wenig toxisch, so daß die Dosierung wesentlich überschritten werden kann, ohne daß sich Nebenerscheinungen zeigen. Die Durchführung der Behandlung ist relativ einfach. Man muß nur ungefähr wissen, wie viele Tiere zu einer Fütterung kommen, schätzt dann das Durchschnittsgewicht und mischt die notwendige Menge des Therapeutikums unter das Kraftfutter, verteilt es je nach Anzahl der Tiere auf einen oder mehrere Futtertröge. Wichtig ist dabei, daß jedes Tier ausreichend mit dem Medikament versorgt wird, eventuell je Tier einen Trog bereitstellen. Wo die Tiere nur über die Winterperiode gefüttert werden oder zur Fütterung kommen, wird eine Behandlung zu Beginn der Fütterungsperiode und eine am Ende angesetzt, wobei vorteilhaft jeweils 2 Tage hintereinander behandelt werden soll. Eine eintägige Behandlung ist dort ausreichend, wo täglich alle Tiere zur Fütterung kommen; dies ist meist in kleinen Jagdgattern, Wildparks und beim Rotwild während der Hauptfütterungsperiode der Fall. Gerade beim Rotwild muß wegen der notwendigen großen Medikamentenmenge auf die Wirtschaftlichkeit geachtet werden. Kommen die Tiere das ganze Jahr über zumindest zur Kraftfutteraufnahme zu den Futterstellen, so läßt sich ein Magen-Darmwurmbefall recht gut unter Kontrolle halten, indem eines der genannten Präparate in der gleichen Weise wie oben verabreicht wird. Behandlungen sind in ca. sechswöchigen Abständen von März bis November durchzuführen. In den Wintermonaten erübrigt sich hier eine Behandlung. Sehr gut eignen sich für solche Behandlungen Medizinalfutter, vor allem wegen der gleichmäßigen Verteilung des Medikamentes im Futter. Wo von den Tieren das ganze Jahr Lecksteine intensiv angenommen werden, läßt sich auch über diese eine Wurmbekämpfung durchführen.

Das zur Zeit wirksamste Therapeutikum gegen die großen Lungenwürmer ist *Citarin*® (Wirkstoff: Tetramisole, Hersteller: Bayer-Leverkusen), welches gleichzeitig eine ausgezeichnete Wirkung gegen Magen-Darmwürmer besitzt. Citarin wird am günstigsten subkutan verabreicht. Bei intramuskulärer Applikation kann es an der Injektionsstelle zur Abszeßbildung kommen, doch wurde das Präparat auch schon mit gutem Erfolg direkt mit dem Narkosegewehr verschossen (Reuss, 73). Der Wirkstoff Tetramisole liegt im *Concurat*® (Hersteller: Bayer-Leverkusen) auch in Pulverform vor. Concurat wird nach bisheriger Erfahrung von Wiederkäuern nur ungern, wenn überhaupt aufgenommen. Geschmackskorrigentien (Süßstoffe u. a.) sind meist erforderlich. Der Nachteil für die Anwendung von Concurat in großen Jagdgattern liegt vor allem in der relativ geringen Verträglichkeit (3fache Überdosierung) begründet.

Mit *Ranide*® (Wirkstoff: Rafoxanide, Hersteller: Merck, Shaarp & Dohme, USA)

[1] Lapras u. Mitarb. (1973) konnten die Parbendazole eine teratogene Wirkung bei Verabreichung in den ersten drei Trächtigkeitswochen beobachten. Bei diesem Medikament ist daher obige Beobachtung zu berücksichtigen.

steht auch ein gutes Leberegelpräparat für die Anwendung in freier Wildbahn zur Verfügung. Ranide ist auch zur Rachendasselbekämpfung gut geeignet (Kutzer und Prosl, 52c). Ranide wird 2 Tage hintereinander in einer Verdünnung von 1:3 bis 1:5 mit Wasser über das Futter gesprüht.

Beim Schwarzwild gestaltet sich die Wurmbehandlung etwas anders, weil andere Parasitenarten (Haken-, Spul-, Magen- und Lungenwürmer) eine Rolle spielen. Spulwürmer und Peitschenwürmer können recht gut durch Futter mit *Hygromycin*-B-Zusatz unter Kontrolle gehalten werden, solches Futter ist vor allem für den Frischling und Überläufer notwendig. Bei über 2 Jahre alten Tieren ist kaum mehr ein Spulwurmbefall vorhanden, außerdem sind solche Tiere meist schon recht widerstandsfähig. Ein starker Spulwurmbefall kann bei Frischlingen auch mit *Piperazin*-Verbindungen, z. B. Piperazinzitrat, bekämpft werden, und zwar wird eine Behandlung etwa im Alter von 12 Wochen angesetzt, eine zweite 2 Wochen später. Die Verabreichung erfolgt mit Maisschrot oder dem verwendeten Kraftfutter in Trögen hinter Frischlingsrechen. Ein bis zwei Wochen nach der zweiten Spulwurmbehandlung wird eine Hakenwurmbehandlung mit *Thibenzole* in gleicher Weise durchgeführt. Die Hakenwurmbehandlung kann, wenn notwendig, auch vorgezogen werden. Dieser Bekämpfungsplan hat sich in der Praxis gut bewährt. Günstig ist die Beibehaltung des Behandlungsschemas, auch wenn Futter mit Hygromycin-B-Zusatz verabreicht wird. Noch günstiger ist der Einsatz von *Banminth* oder *Morantel,* da beide Präparate eine ausgezeichnete Wirkung gegen Spulwürmer (auch gegen unreife Spulwürmer) und eine gute gegen Hakenwürmer haben, so daß mit einer Behandlung ausgekommen werden kann (Kutzer, 50, 51). Ähnlich verhält es sich mit *Neminil* (Pav und Zajicek, 64, 65; Kutzer, Pointner und Prosl, 52a). *Neminil* wird über 10 Tage in einer Dosierung von 3 g = 300 mg Wirkstoff pro kg *Futter* verabreicht. Vorzüglich eignet sich nach Taffs (79) zur Wurmbehandlung beim Schwein Futter, dem Thiabendazole 0,05- bzw. 0,01-prozentig beigemischt ist.

Beim Schwarzwild kann zur Bekämpfung der Lungenwürmer *Concurat*® und *Neminil* (s. Tabelle) angewendet werden. Die geringe Verträglichkeit von Concurat (3fache Normaldosis darf nicht überschritten werden) erfordert eine ziemlich genaue Dosierung. Im übrigen muß darauf hingewiesen werden, daß Concurat ohne Geschmackskorrigentien in der Regel nur sehr ungern aufgenommen wird. Concurat und Neminil sind gleichzeitig gute Spul- und Hakenwurmmittel, weshalb auch hier meistens eine Behandlung ausreicht.

Equiden werden in der Regel nur in kleinen Schaugehegen gehalten, weshalb sich eine Wurmbekämpfung einfacher durchführen läßt. Gegen den Spulwurmbefall gelangen Piperazinpräparate, gegen die Großen und Kleinen Strongyliden *Equizole*® (Wirkstoff: Thiabendazole, Hersteller: Merck, Sharp & Dohme, USA) oder Phenothiazin, bei Bandwurmbefall *Mansonil*® (Wirkstoff: N-2'-chlor-4'-nitrophenyl-5-chlorsalicylamid, Hersteller: Bayer-Leverkusen) und gegen Magenbremsenlarven *Neguvon*® (Hersteller: Bayer-Leverkusen) zur Anwendung. Ein gutes Breitband-Anthelminthikum (Spulwürmer, Große und Kleine Strongyliden, Oxyuren) ist *Telmin.* Ein brauchbares Kombinationspräparat, welches außerdem noch gegen Magenbremsenlarven wirkt, *Hippozin Compositum*® (Hersteller: Ferrosan, Malmö). Alle Präparate können mit dem Futter verabreicht werden, letzteres nicht zusammen mit sauren Futtermitteln.

Mit den angeführten Maßnahmen läßt sich natürlich ein Wurmbefall nicht verhindern, jedoch können dadurch zumindest gehäufte Krankheitsausbrüche hintangehalten werden. Je präziser und großangelegter sie durchgeführt werden, desto größer ist der Erfolg. Besonders wichtig für den Behandlungserfolg ist, daß das Medikament mit einer nicht zu großen Menge des gewohnten Futters verabreicht wird. Das medikierte Futter soll möglichst auf einmal aufgenommen werden. Erfolgt eine Futterum-

Tabelle 5. **Zitierte Antiparasitika**

Präparat	Wirkstoff	Dosierung[1] mg / kg	Verabreichung	Tierart	Beeinflußbare Parasitenart
Piperazin-verbindungen	Piperazin-zitrat Piperazin-adipat Piperazin-hydrat	250–600	per os (p. o.) mit dem Futter	Equiden	Spulwürmer
Phenothiazin-verbindungen	Phenothiazin	70	p. o.	Equiden	Große u. Kleine Strongyliden Oxyuren
Thibenzole	Thiabenda-zole = 2-(4-Thiazolyl) -benzimidazol	100	p. o.	Wiederkäuer Wildschwein	Magen-Darm-würmer (Trichostrongy-liden, Strongy-liden) Hakenwürmer
Equizole	Thiabendazole	100		Equiden	Große u. Kleine Strongyliden, Oxyuren, Spulwürmer
Banminth	Pyrantel Tartrat = 1,4,5,6-Tetrahydro -1- methyl - 2 - [trans - 2 - (2-thienyl) vinyl] pyrimidin-tartrat	25	p. o.	Wiederkäuer Wildschwein	Magen-Darm-würmer Spul- und Hakenwürmer
Telmin	Mebendazole = Methyl 5 (6)-benzoyl-2-benzimidazol carbamat	15–20	p. o.	Wiederkäuer Equiden	Magen-Darm-u.Lungenwürm. Bandwürmer Große u. Kleine Strongyliden, Oxyuren, Spulwürmer, Bandwürmer
Ranide	Rafoxanide 2–5 Diiod-3'-chlor-4'-cp-chlor-phenoxy) salicylanilid	10–13	p. o.	Wiederkäuer	Großer Leberegel, Rachendassel-larven
Morantel	1,4,5,6-Tetrahydro -1- methyl - 2 [2 - (3 - methyl-2 - thienyl) vinyl] pyrimidin	10	p. o.	Wiederkäuer Wildschwein	Magen-Darm-würmer Spul- und Hakenwürmer

Fortsetzung Tabelle 5

Präparat	Wirkstoff	Dosierung[1] mg / kg	Verabreichung	Tierart	Beeinflußbare Parasitenart
Citarin	Tetramisole = 2,3,5,6-Tetrahydro -6-phenyl-imidazo-(2, 1-b-) thiazolhydro-chlorid	5–8 10–15	subkutan (s. k.) p. o.	Wiederkäuer	Große Lungenwürmer Magen-Darm-würmer
Concurat	Tetramisole	10–15	p. o.	Wildschwein	Lungen- und Spulwürmer
Neminil[3]	Parbendazole = Methyl 5 (6) - butyl -2-benzimida-zolcarbamat	15–20 300[2]	p. o.	Wiederkäuer Wildschwein	Magen-Darm-würmer Spul-, Magen-, Haken- und Peitschen-würmer, Lungenwürmer
Mansonil	N - 2' - Chlor - 4'- nitro-phenyl-5 chlor - salicylamid	50–75	p. o.	Wiederkäuer Equiden	Bandwürmer
Neguvon	2,2,2, - Trichlor-l-hydroxy-äthylphosphor-säure-dimethylester	50	p. o.	Equiden	Magenbremsen-larven
Hippozin-Compositum	Piperazin-Dithiokar-bonat + Piperazin-adipat + Phenothiazin	26,5 g pro angefangen 100 kgKGW	p. o.	Equiden	Spulwürmer, Große und Kleine Strongy-liden, Oxyuren, Magenbremsen-larven

[1] mg Wirkstoff
[2] 10 Tage 300 mg Wirkstoff (= 3 g Neminil) pro kg Futter
[3] Sie Fußnote S. 87

stellung, so muß das Wild erst an das neue Futter gewöhnt werden, bevor das Therapeutikum eingesetzt wird.

Der Bekämpfungsplan muß immer den örtlichen Gegebenheiten angepaßt werden, und es ist daher angezeigt, in jedem Fall einen Fachmann zu Rate zu ziehen.

In meinen Ausführungen wurden vor allem nur jene Anthelminthika berücksichtigt, mit denen bisher beim Wildtier in freier Wildbahn und in Jagdgattern gute Erfolge erzielt werden konnten.

DRITTER TEIL

HANDHABUNG DES WILDES

Kapitel 13 Fangeinrichtungen und Hilfsmittel

Wildtierhaltung und -handhabung als untrennbare Komponenten der Gehegepraxis, bei Versuchsanstellungen in der Forschung, in der Zucht und Wildstandsbewirtschaftung setzen das Habhaftwerden voraus. Sei es zum Zwecke der Neubesetzung von Gehegen verschiedenartigster Widmung oder Ausdünnung bestehender Wildpopulationen, mögen es notwendige therapeutische Eingriffe, biologische und ökologische Studien oder sonstige Erfordernisse sein. In jedem Fall gilt es, den Distanzierungstrieb des Wildsäugetieres so zu überwinden, daß seine Verteidigung und Fluchtbemühungen nicht sich selbst oder den Einfänger gefährden. Die unbekannte, ungewohnte Zwangslage löst beim Wildtier häufig eine Reihe von Streßrisiken und Angstreaktionen aus, die bis zur Vernichtung hin reichen können. Diese Eigenschaften sind nicht der eigentliche Betrachtungsgegenstand, sie sollten jedoch bei Anlage und Einsatz mechanischer Fangeinrichtungen genauso bedacht werden wie die Beobachtung, daß Wild in Gehegen sich nicht hüten und beliebig treiben läßt, sondern seine überragende Klugheit und wachen Instinkte in ungewöhnlich hohem Maße zu eigenwilligen Verhaltensweisen führen.

Netze, Garne und Tücher

Netze und Tücher als unentbehrliches, jagdliches Hilfsgerät des mittelalterlichen Waidwerkes finden heutzutage noch beim Herdenfang afrikanischer Wildwiederkäuer Anwendung. Als Mittel der Wahl für selektierenden Fang in Gehegen scheiden sie meist aus. Lediglich wenn der erste kälberfleckige Nachwuchs kommt und das Jungwild gezeichnet werden soll, leisten alte Fußballtornetze, stärkere Nylongarngeflechte, Wurfnetze und Kescher sehr gute Dienste. Nicht immer lassen sich Schalenwildkälber in den ersten 3 Lebenstagen auffinden. Später löst die Fluchtreaktion den Drückreflex mehr und mehr ab, und das Anbringen von Ohrmarken wird schwieriger. Großwildmütter vermögen sehr wirkungsvoll mit Schalenschlägen ihre Unerschrockenheit zu vermitteln. Daher ist Vorsicht am Platze.

Man spannt, nicht zu straff, ein längeres Netz radial um das abgelegte Kalb, das den kreisenden Menschen gut aushält, verjagt das führende Alttier und läßt nun das Kalb in die Maschen springen.

Ansonsten leisten Fangnetze gute Dienste bei unzureichendem Narkoseverlauf zur Vermeidung von Nachinjektionen. Man nutzt die Gewohnheit des in seinem Reaktionsvermögen gedämpften Wildes, am Außenzaun entlangzuwechseln, und errichtet mit dem langen Netz einen Fangtrichter, dessen äußere Flanke der Zaun bildet. Hierbei sollen die Befestigungspunkte der Netzenden möglichst 1 bis 2 m vor der Trichterspitze liegen, um ein Durchschlüpfen des Stückes zu vermeiden. Bei Fehlfängen registriert das Wild die neue Gefahrenquelle sehr genau, und Wiederholungen erweisen sich oftmals als schwierig.

Nach gelungenem Einfang werden sofort die Hinterläufe zusammengehalten, gebunden, und eine immer notwendige Hilfskraft bekniet den Träger (Hals des Stückes) und bedeckt Lichter und Windfang mit geeigneten Tüchern oder Masken. Besonders Reh- und Elchwild neigt zu Streßreaktionen mit nachfolgendem Kreislaufversagen. Prophylaktische Verabreichung geeigneter Beruhigungsmittel ist daher anzuraten.

„In einem Kleingehege plante man für parasitologische Studien den Einfang einer Ricke und eines Rehbockes. Die ältere Ricke wurde medikamentös immobilisiert, und da die Applikation einer Injektionsnarkose bei Rehwild wegen der Dünnhäutigkeit der Decke nicht immer problemlos verläuft, fing man den wertvollen Zuchtbock mittels Netz ein. Nach 2 Stunden konnte das Reh in ein neues Versuchsgehege ausgelassen werden, dem netzgefangenen Rehbock blieb die traurige Aufgabe, als gespickter Rehrücken ein kaltes Buffet zu zieren. Er war auf dem Transport an Kreislaufkollaps verendet, und die Initiatoren mußten die unterlassene Verabreichung eines Sedativums als Versäumnis beklagen."

Wildfänge und Fanggatter

Fast alle Wildfänge arbeiten nach dem Fall- oder Schlagtürprinzip und weisen dem Gestaltungsbedürfnis ihrer Hersteller entsprechend eine große Variationsbreite auf. Im allgemeinen befinden sie sich in der Nähe winterlicher Hauptfütterungen oder dienen als kombinierte Fang- und Wildfutterscheune zugleich. Die Auslösung der Tore erfolgt von geeigneten Kanzeln oder Beobachtungssitzen aus mit Hilfe von Seilen und federgespannten Vorrichtungen.

Anlage, Einrichtung und Wartung erfordern sehr viel Erfahrung, sofern der Lebendeinfang des Wildes schonend verlaufen soll. Die Anzahl der bei Konstruktionsexperimenten zu Schaden gekommenen oder zur Strecke gelegten, häufig auch geforkelten Stücke läßt die moderne medikamentöse Immobilisation als Fangmethode von bedeutender Fortschrittlichkeit erkennen.

Saufänge, stationär oder fahrbar, funktionieren hingegen recht gut. Begünstigt durch die Lebens- und Verhaltensweise des Schwarzwildes kann die Fremdbetätigung durch Trittauslösung ersetzt werden.

Fanggatter in Mehrzellenausführung erleichtern durch Einengungssysteme das Habhaftwerden des Wildes wesentlich und lassen auch eine beschränkte Selektion zu.

Geländeeignung vorausgesetzt, bestehen sie aus dem größeren Vorfanggatter (mindestens $^1/_2$ Hektar) mit 2 Einlaß-, einem Auslaß- und einem Zwischentor, die als schräg gestellte Schlagtore über Seilzüge schließen, öffnen und automatisch verriegeln. Daran schließen sich Zwischengatter und ein sich stetig verengender Fangschlauch, auch Tüte genannt, an; die Engstelle läuft in eine Wildtransportkiste aus. Man wähle für den Vorfang übersichtliches oder mit Altwald bestandenes Gelände und sorge in kleinerem Zwischengatter für Jungwuchsinseln, um dem Deckungsbedürfnis der Wildtiere entgegenzukommen. Der allseitig geschlossene Fangschlauch muß durch einen beliebig zu betätigenden Schieber vom Zwischengatter abtrennbar und durch Trennschieber unterteilbar sein. Um Verletzungen des Wildes auszuschließen, empfiehlt es sich, die letzten 5 bis 6 m der immer enger werdenden Tüte 1 m hoch mit Brettern auszukleiden und darüber in Abständen Derbstangen anzuordnen.

Durch Steuerung der Tore vom Beobachtungsstand läßt man das im Vorfang eingefütterte Wildrudel geschlossen oder teilweise in das Zwischengatter wechseln, ohne daß es unnötig beunruhigt wird. Nicht gewünschte Stücke können nach Verschließen des Zwischengatters über die Außentür freigelassen werden. Das jeweils am tiefsten in die Fangtüte hineingedrückte Wild läßt sich im Bedarfsfall durch quer eingeschobene Derbstangen absondern und in die Transportkiste lenken.

An Stelle des Fangschlauches kann auch ein durch Kammern unterteilter Verladeschuppen angeschlossen werden, dessen Aufbau und Funktion noch zu besprechen sein wird.

Welche Form des Umganges mit Wild auch immer gewählt wird, seien es mechanische oder medikamentöse Methoden, in Großgehegen mit Lebendwildversand erweisen sich Vorfänge oder Gehegezellen immer als nützlich und rechtzeitige Gewöhnung durch Anfüttern zweckmäßig.

Kapitel 14 Das Fangen und Markieren von Wild

Meist stellen in Wildgehegen gehaltene Tiere hervorragende Exemplare ihrer Gattung oder Vertreter seltener Tierarten dar. Die notwendige Bestandsregulierung hat zum Ziel, ein wohlausgewogenes Verhältnis von Fläche zur Stückzahl anzustreben.

Ein Abschuß erfolgt nur wegen Überalterung oder aus Krankheitsgründen. Wesentlich wichtiger ist die Möglichkeit, lebendes Wild entnehmen zu können. Hierfür bieten sich verschiedene Wege an.

Meist wird Wild mechanisch an Fütterungen gefangen. Bei der bewährten Dunkelfangvorrichtung füttert der Fänger das Tier oder eine Gruppe davon in einen Raum mit einem Grundmaß von etwa 2×4 m, dessen Wände aus Brettern, 2,40 m hoch, bestehen. Nach innen hin sollten diese Wände undurchsichtig sein und einen Dunkelraum bilden. Eine zweckmäßig angebrachte Falltür schließt den Fang und wird über eine Seilzugvorrichtung ausgelöst. Der Fänger muß darauf achten, daß das Wild nicht mit dem Haupt zum Eingang steht, da die Reaktionen der Tiere enorm rasch sind. Manche Wildarten erregen sich sehr stark, wenn der Mensch zu nahe an sie herantritt. Es besteht daher akute Streßgefahr. Aus diesem Grunde ist eine Längswand des Fanges so einzurichten, daß sie auf Schienen zum Fanginneren hin verschiebbar aufgehängt wird. An der gegenüberliegenden Wandseite werden Kammern angebracht mit etwa 80 cm lichter Weite und einer Tiefe von 1,50 m – Höhe je nach Wildart von 0,60 bis 1,50 m. In diese engen Kammern wird das Wild langsam durch die bewegliche Wand hineingedrückt, bis diese an den Boxen zur Anlage kommt und das Wild sich nicht mehr bewegen kann. Jetzt kann der Fänger schildartige Stücke aus der beweglichen Wand herausklappen, die darin mittels Verriegelung arretiert sind, und alle notwendigen Handhabungen vornehmen. Am Ende der einzelnen Kammern befinden sich Schiebetüren zum Ansetzen der Transportkisten, in die das Wild leicht verbracht werden kann.

Der Umgang mit Wild stellt einen wesentlichen und bedeutenden Teil der Wildtierhaltung dar, so daß die medikamentöse Immobilisation von Wild- und Zootieren in den vergangenen Jahren immer mehr an Bedeutung gewonnen hat. Aus diesem Grunde ist in einem der nachfolgenden Kapitel der Theorie und Praxis der Wildtiernarkose ein breiter Raum zugewiesen worden.

Wild zu fangen, ist ein Kunst, wie so viele andere, und keine Kunst kann man ausüben, ohne harte Erfahrungen zu sammeln. Es bedarf ernster Arbeit und Studien, um zufriedenstellende Erfolge zu erzielen.

Das *Markieren* von Kälbern gehört zum Umgang mit Wild und zur Kontrolle des Bestandes. Die beste Möglichkeit dazu bietet sich gleich nach dem Setzen, weil dann am leichtesten festzustellen ist, zu welchem Muttertier das jeweilige Kalb gehört.

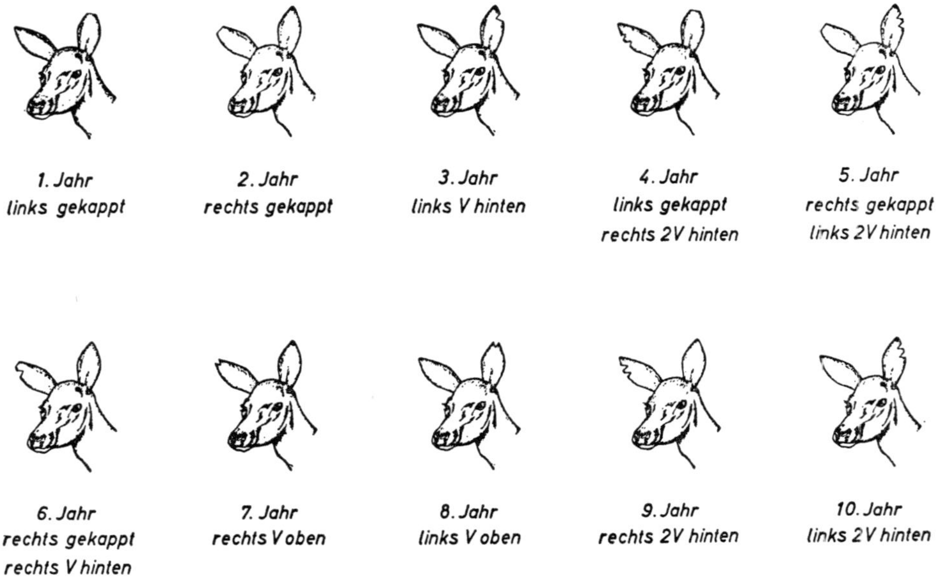

Abb. 15. Beispiele für Markierungszeichen. Die Markierungen müssen mit einer Rosenschere unter Lokalanästhetesie durchgeführt werden.

Frisch gesetzte Kälber findet man in der Setzzeit durch sorgfältige Beobachtung der Alttiere. Sie suchen herum, zeigen sich nervös und stehen immer wieder am selben Platz. Ein Netz mit etwa 80 cm Durchmesser an einer 1,50 m langen Stange genügt, um die Kälber zu fangen. Ein großer Drahtring hält das Netz gleich einem Schmetterlingsnetz auseinander. Vorsichtig wird es über das Kalb gelegt, das meist niedergetan ist. Ohne das Kalb mit den Händen zu berühren, rollt man es in das Netz. Mit Hilfe einer Zugwaage kann man das Gewicht feststellen und sodann mittels Markierzange und Schere die Markierung vornehmen. Am geeignetsten erweisen sich Plastikmarken, welche von den verschiedensten Herstellern angeboten werden. Sie lassen sich in allen Farben mit Nummern und Namensbezeichnung versehen, als Eigentümernachweis. Flügelmarken sind besonders geeignet, weil die Gefahr des Ausreißens im Buschwerk vermindert wird. Jedes Jahr wechselt man die Farbe der Marken und nimmt darüber hinaus zweckmäßigerweise einen Markierungsschnitt vor, wie in der nachfolgenden Abbildung 15 als Beispiel aufgeführt. Es stehen auf diese Weise genügend Variationen zur Verfügung, um 10 Jahrgänge der jeweiligen Wildart unterschiedlich zu markieren. Das Erkennen der Altersklasse auf größere Distanz wird hierbei erleichtert und ein organischer Altersklassenaufbau und die gesunde Gliederung des Wildbestandes allein nur auf diese Weise ermöglicht.

Eine Altersschätzung beim immobilisierten Rotwild läßt sich am Abnutzungsfortschritt der Haken (Grandeln) durch Vergleich mit erforschten Parametern durchführen.

Kapitel 15 Praktische Anleitung zur Wildtier-Immobilisation

Systeme — Geräte — Zubehör

Für die Wildtierforschung, Wildstandsbewirtschaftung, Gehege- und Zoopraxis ist die Applikationsform von Narkosemitteln zur medikamentösen Immobilisation oder Bewegungshemmung von erheblicher Bedeutung. Die moderne Pharmakologie weist neue, verbesserte Wege des Einsatzes konzentrierter Neuroleptica, stark wirksamer Analgetica und Myorelaxantien und ihrer Kombinationsformen, so daß mit der Herausbildung zuverlässig arbeitender Distanzinjektionssysteme ihre intramuskuläre Applizierbarkeit über Entfernungen bis zu 100 m möglich wurde (Van Rooyen – Crossbow/Südafrika). Im allgemeinen trifft man jedoch auf eine allzu einseitige Orientierung über die Wirkungsweise der Geräte und Medikamente; es erscheint daher angezeigt, diesen Problemkreis ausführlicher aus der Sicht des Praktikers zu behandeln.

Von den bekanntesten Systemen seien die *Cap-Chur*-Injektionsspritze mit Aufschlagzünder der Firma Palmer Chemical & Equipment Corporation, Douglasville (USA), das selbstaufladende (self-pressurizing) Plastik-Injektionsprojektil der Firma Paxarms (Neuseeland) und das Injektions-Pfeilsystem der Firma Jack The Yeoman Sales Ltd., London, genannt.

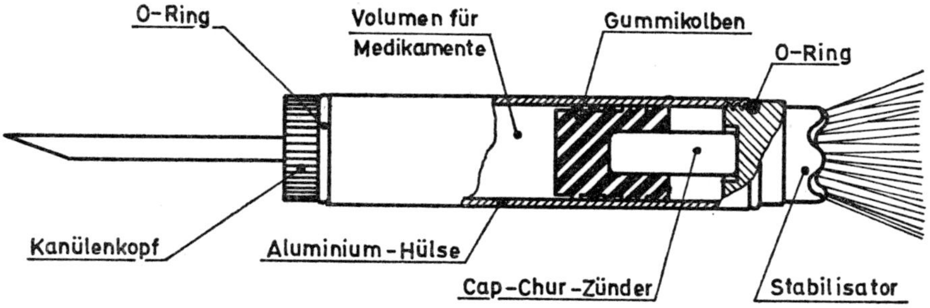

Abb. 16. Cap-Chur-Spritze

Weitaus das gebräuchlichste und bewährteste Geschoß dürfte die Cap-Chur-Injektionsspritze sein. Der zylindrische Aluminiumträger von 12,7 mm Durchmesser nimmt den Gummitriebkolben mit darin einzuschiebenden Cap-Chur-Zünder auf und wird in Abhängigkeit von Volumen und Dosis mit dem jeweiligen Injektionsmittel gefüllt. Der aufschraubbare Stabilisator oder der Bogenschaft schließen den Bodenteil. Durch Montage des Kanülenkopfes mit der jeweils zweckmäßigen Kanülenform ist die Spritze einsatzbereit.

Ohne das exakte Funktionieren des Zünders im Kolbenboden ist alle Mühe umsonst. Im Prinzip handelt es sich um eine Messinghülse (H), deren geschlossener Stirnteil den Zündsatz (Z) aufnimmt. Ein spiralfedergelagerter, beweglicher Zündkopf (K) im offenen Ende der Hülse löst bei Aufprall der Spritze einen kleinen Explosionsdruck aus, dessen Abstufung durch volumenentsprechende Laborierung erreicht wird (Abb. 17).

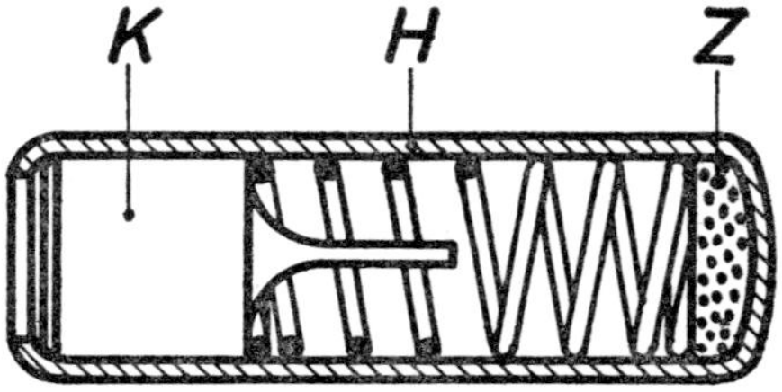

Abb. 17. Aufschlagzünder

Richtiges Einsetzen der Cap-Chur-Patrone (offenes Ende hinten) sowie ihre trockene Lagerung sind unbedingt funktionswichtig!

Stabilisatoren (tail piece) werden werksmäßig mit Wollpuschel geliefert, Plastik- und Spezialausführung mit Treibspiegel (ad modum cambitzi Südafrika) sind im Gebrauch. Bei Pulvergewehren verursachen die heißen Treibgase einen raschen Abbrand. Die durchschnittliche Lebensdauer kann man durch Tränken der Wollpuschel in Antimon Trioxyd (in Äther oder Benzol gelöst) verlängern (Lufttrocknung).

Aktionsbereite, volle Spritzen sollten niemals lose in der Tasche getragen werden, ohne aus Sicherheitsgründen über die Injektionsnadel Schutzkappen in Form von leeren 20er Schrotpatronenhülsen oder passenden Plastikrohren zu ziehen. Von einer Aufbewahrung gefüllter Projektile über 48 Stunden hinaus ist abzuraten. Wertvolle Medikamente lassen sich in jeder Apotheke nach Sterilisation in Einschmelz-Ampullen zur Wiederverwendung umfüllen.

Das Paxarms Projektil

Dieses Injektionssystem wird von der Firma Paxarms Ltd. Timaru, Neuseeland, hergestellt. Spritzenkörper und Stabilisatoren bestehen aus Plastikmaterial. Die Füllung erfolgt über die Hohlnadel mittels Adapter und Dosierspritze. Die Kanülenöffnung ist seitlich angeordnet und wird durch einen breiten, auf der Kanüle verschiebbaren Weichplastikring verschlossen. Auf diese Weise läßt sich ein unbeabsichtigter Flüssigkeitsaustritt durch Vakuumbildung an der Geschoßspitze während des Fluges sicher verhindern.

Über ein Bodenrückschlagventil im Stabilisator kann das Projektil mit Hilfe einer Handpumpe unter Druck gesetzt werden. In eiligen Fällen genügt jedoch auch die Auffüllung durch Pulvergase beim Abschuß. Nach dem Auftreffen auf den Wildkörper wird der Kanülendichtring verschoben, und die unter Druck stehende Flüssigkeit kann langsam in das Muskelgewebe injizieren. Die häufig beim Einschießen der Flüssigkeit mittels Aufschlagzündern beobachteten Gewebeschäden bleiben bei diesem System aus.

Das Beschußgerät ist mit einer Reguliervorrichtung (velocity control) ausgestattet, mit deren Hilfe die Auftreffenergie der Injektionsspritze in Abhängigkeit zur Wilddeckenstärke angepaßt werden kann.

Detailinstruktionen über Dimensionierung, Funktion und Zusammensetzung sind den Bedienungsanleitungen der Gerätehersteller zu entnehmen. Hier geht es um die pragmatische Seite und Anwendungserfahrung.

Obgleich an sich eine Selbstverständlichkeit, bedarf es des Hinweises, bei Auffüllung der Spritzen so keimfrei wie möglich zu arbeiten und diese vorher oder nach Gebrauch sorgfältig zu sterilisieren.

Die Wahl der Kanülen wird von der einzufangenden Wildart und ihrem Ernährungszustand her bestimmt. Bei Rot- und Damwild reichen Längen von 30 mm normalerweise aus. Für Feisthirsche und Sauen empfiehlt es sich, eine längere Nadeltype mit Widerhaken zu wählen, um die sichere Injektion in das Unterhautbindegewebe oder Muskelgewebe sicherzustellen. Mufflons sind nur mit glatter Nadel ohne

TAFEL 11

Oben: Versetzbare Futtertröge mit Steingutschale. — Unten links: Magazin für Preßballen. — Unten rechts: Kraftfutterautomat. Phot. H.-H. Hatlapa

Fütterungshalle. Phot. H.-H. Hatlapa

TAFEL 12

Wildfang. Phot. F. Türcke

Widerhaken zu beschießen. Gelegentliches Ausreißen des Kanülenschaftes aus dem Spritzenkopf wird bei Beschuß dickhäutiger Herbivoren (Elche, Wisente etc.) beobachtet (Prüfung vor Einsatz erforderlich).

Begünstigt durch hochkonzentrierte Pharmaka lassen sich neuerdings die Spritzenvolumina soweit vermindern, daß aus ballistischen Gründen eine Standardisierung der Aluminiumzylinder oder Plastikspritzen erreicht werden kann. In jedem Fall müssen Aluminiumzylinder bei Wiederverwendung vorher auf Deformierung überprüft werden. Oft nur meßbare Balligkeit durch Staucheffekt hat schon so manchen Fehlschuß verursacht.

Auf sorgsames Einfetten des Gummikolbens mit Siliconfett oder Siliconöl weisen schon die Anleitungen hin. Eine nachträgliche Entfettung der Kolbenstirn mittels Alkoholtupfer kann nicht schaden. Immerhin zielt die Injektion in lebendes Gewebe.

Injektionspfeile von Jack The Yeoman, London, als Armbrustgeschosse sind etwa bleistiftstarke Aluminiumkörper mit festmontierter Kanüle und einem Fahrradschlauchventil-ähnlichen Bodenverschluß. Vor Füllung muß eine dünne Gummikappe über die Nadelspitze gezogen werden, um ein Abfließen des Medikamentes zu verhindern. Nach Druckaufladung mit CO_2-Gas ist der Pfeil einsatzbereit.

Beim Auftreffen auf den Wildkörper durchstößt die Kanüle zunächst die Gummikappe, und das Mittel injiziert. Die erfolgreiche Verwendung erfordert Übung und genaue Distanzbestimmung (Durchschußgefahr).

Geräte

Die Praxis benötigt Narkosegewehre mit großer Schußleistungspräzision im Distanzbereich zwischen 20 bis 60 m einerseits, relativ geringer Auftreffwucht (Injektionsverletzungen) andererseits, und dennoch genügender Energie, um den Injektionsablauf zu zünden.

Narkose-Pistolen arbeiten nach gleichartigen Prinzipien für den Nahbereich 5 bis 20 m. Nur wenige Armbrust-Geräte und Bogen schießen zufriedenstellend. Weittragende Armbrustwaffen (Van Rooyen Crossbow, 50 bis 100 m Distanz) müssen durch Entfernungsmesser und Spezial-Stabilisatoren ergänzt werden.

Die Beschußgeräte der Firma Paxarms werden mit den verschiedenartigsten Wechselläufen angeboten und ermöglichen das Verschießen von Injektionsprojektilen mit einem Fassungsvermögen bis zu 20 ml.

Schießen mit Narkose-Projektoren

Immobilisationsgeräte der beschriebenen Art sind mit üblichen Jagdwaffen nicht vergleichbar. Anfangs- und Endgeschwindigkeit der Projektile liegen je nach Art, Volumen und Treibmittel zwischen 50 und 100 m/sec bzw. 10 und 30 m/sec (Pistolen). Infolge des relativ großen Projektilgewichtes ist die Flugbahn distanzproportional stärker gekrümmt, weil lediglich die Kanüle in den Tierkörper eindringen soll und nicht der Zylinder. Die Pufferfähigkeit von Wilddecke und Muskelgewebe zeigt sich nicht allein tierartlich und jahreszeitlich verschieden, sondern hängt wesentlich von der Injektionszone ab. Erst nach längerem Üben auf Schießständen und sorgfältigem Distanzschätzen bildet sich das Gefühl für die Ballistik und Praxis aus.

Für den Einfang dünnhäutiger Tiere ist dies zur Vermeidung von Einstanzverletzungen von größter Wichtigkeit.

Tabelle 6. **Injektionssysteme** (siehe hierzu Tafel 14 u. 15)

Lfd. Nr.	Bezeichnung	Beschreibung
Cap-Chur-Injektionsspritzen bis zu 15 ml Volumen lassen sich aus nachstehenden Projektionswaffen verschießen:		
1.	Original Cap-Chur-Pulver-Projektor	weitreichend mit abgestufter Treibladung schwarz: 5–10 m im Nahbereich grün: 13,5–32 m, günstigste Mitteldistanz 25 m. gelb: 32–55 m; günstigste Mitteldistanz 40 m. rot: 55–70 m; günstigste Mitteldistanz 60 m.
2.	Original Cap-Chur-Kohlendioxyd(CO_2)-Projektor	bis maximal 32 m; günstigste Mitteldistanz 20 m.
3.	Dist-Injekt-Gewehr, Mod. 60 Mod. 62 Doppellauf	Reichweite 15–60 m mit abgestufter Pulverladung weiß: 15–30 m. schwarz: 30–60 m
4.	Original-Cap-Chur(CO_2)-Gaspistolen-Projektoren	bis 12,2 m
5.	Dist-Injekt-Pistole, Mod. 30	0–30 m mit abgestufter Pulverladung schwach, stark und extra
Paxarms-Injektionsspritzen bis zu 20 ml Volumen lassen sich aus nachstehenden Projektionswaffen verschießen:		
6.	Paxarms-Pulverprojektor Mark 20	mit Zielfernrohr, Aufschlagkontrolle und gleichbleibender Treibladung für Distanzen von 15–80 m, günstigste Mitteldistanz 50 m, cal. .465, sowie für Wechsellauf .527 und Wechsellauf .750.
7.	Paxarms-Pistole Mark 5 und Mark 10 für cal. .465, .527 und .509	für Distanzen 0–30 m mit gleichbleibender Pulverladung.

In Erprobung befindet sich das System *Telinject,* bei dem Spezialleichtspritzen aus innen polierten Blasrohren, vom Atemdruck angetrieben, verschossen werden. Dieses Gerät wäre prädestiniert, Tiere aus geringer Distanz zu beschießen und Einstichverletzungen bei dünnhäutigem Wild gänzlich zu vermeiden.

Kapitel 16 Medikamente - Wirkung - Dosierung

Allgemeines

Immobilisation (lat. immobilitare = unbeweglich machen) durch Medikamente ist ein relativ neuer Zweig der Tiernarkoselehre. Durch die Ermöglichung der medikamentösen Immobilisation mit Hilfe von Beschußgeräten eröffnete sich ein so weites

Feld für Arzneimittellehre und Forschung, daß die hier zu gebende Orientierung nur skizzenhaft einen Umriß der Augenblickssituation zu geben vermag. Die bestehenden Möglichkeiten werden laufend durch Neuerprobung und Neueinführung verschiedenster Medikamente erweitert. Dabei stellen der Artenreichtum der Wild- und Zootiere einerseits und die tierartlich oft sehr unterschiedliche Wirkung der verwendbaren Mittel andererseits zahlreiche Aufgaben.

Die bislang für die Narkose von Haustieren gebrauchten Medikamente sind größtenteils zur Betäubung von Wildtieren ungeeignet, da sie intravenös (ins Blutgefäß) und nicht wie bei Wildtieren intramuskulär (in einen Muskel) oder subkutan (unter die Haut) zu verabfolgen sind.

Die hier gegebene Übersicht soll sich auf grundsätzliche Erörterungen und die Beschreibung einer relativ kleinen Zahl von zweckmäßigen und erprobten Präparaten beschränken. Ihre Abgabe an einen amtlich qualifizierten Personenkreis darf nur durch den Tierarzt oder einen Arzt erfolgen unter Berücksichtigung der Bestimmungen des Arzneimittelgesetzes (siehe auch Kapitel 17).

Ein Medikament, das zur Immobilisation geeignet sein soll, müßte folgende Forderungen erfüllen:

1. Eine große therapeutische Breite muß die Schwierigkeit exakter Tiergewichtsbestimmung ausgleichen (Vermeidung von Unter- und Überdosierungen).
2. Das Präparat soll bei geringen Injektionsmengen, möglichst unter 5 ml, wirksam sein, d. h. es muß stark wirkend oder in hoher Konzentration verträglich sein.
3. Eine gute örtliche Verträglichkeit soll Entzündungen oder gar Gewebetod mit Abszeßbildung an der Injektionsstelle vermeiden.
4. Der Wirkungseintritt soll rasch erfolgen.
5. Die Wirkung soll ausreichend stark sein und genügend lange anhalten.
6. Die betäubende Wirkung soll ohne zusätzliche Maßnahmen abklingen (Reversibilität). Nach Möglichkeit sollte sie durch Gegenmittel (Antidote) aufgehoben oder kompensiert werden können, so daß die Wirkungsdauer steuerbar wird.
7. An- und Abflutung sollen ohne Erregungszustände verlaufen.
8. Nebenwirkungen auf Blutdruck, Atmung, Organsysteme sollen nicht auftreten.
9. Wirtschaftlichkeit und relativ gefahrlose Handhabung des Mittels (Suchtgefahren) sollten die vorgenannten Eigenschaften sinnvoll ergänzen.

Von den Mitteln, die diese Idealforderungen am ehesten erfüllen, haben sich in der Praxis zuerst jene, die quergestreifte Muskulatur-lähmenden Medikamente (Muskelrelaxantien), dann starke Beruhigungsmittel (Tranquilizer) und schmerzaufhebende Mittel (Analgetica) bewährt.

Historisches

Die moderne Immobilisation von Wildtieren mit Hilfe einer intramuskulären Injektion durch Beschußgeräte begann Mitte der 50er Jahre mit der Verwendung des Präparates *„Cap-Chur“* (Palmer/USA), das als wirksame Substanz Nikotin-Salicylat enthält (bis zu 400 mg/ml). Nikotinsalze wirken in sehr geringen Dosierungen erregend auf das autonome, vegetative Nervensystem. Höhere Dosierungen erregen das zentrale Nervensystem (Gehirn und Rückenmark). Sehr hohe Dosierungen führen zu Lähmungen, sowohl des zentralen Nervensystems als auch der Skelettmuskulatur, durch Blockierung der Verbindung zwischen den die Muskulatur erregenden Nerven und der Muskelfaser.

In dieser Reihenfolge zeigt sich auch das Wirkungsbild nach Injektion einer lähmenden Dosis von Nikotin-Salicylat. Der Wirkungseintritt beginnt ziemlich rasch nach 1 bis 3 min. Nach anfänglichen Erregungszuständen, wie übererregte Flucht, Muskelzittern und Muskelzuckungen, Harn- und Kotabsatz, stürzen die Tiere zuzusammen, und es treten heftige Muskelkrämpfe und Zuckungen von etwa 1/2 bis 2 min Dauer auf; dabei steigen Herzfrequenz und Butdruck stark an, die Atmung ist verkrampft. Dieser Zustand geht in eine Lähmung von ca. 30 min Dauer über.

Das Nikotin-Salicylat wurde besonders bei Hirschen und wegen seines raschen Wirkungseintritts gern bei Gemsen und Steinwild angewandt. Eine Verringerung der Nikotinmenge und damit der Erregungszustände konnte zwar durch Hinzufügen des zentral wirkenden Beruhigungsmittels *Combelen* (Bayer) und eines langwirkenden Barbitursäure-Narkotikums erreicht werden (Forstner). Die unschönen Begleiterscheinungen bei der Anflutung dieses Mittels bestärkten jedoch die Suche nach besseren Präparaten.

Muskelrelaxantien (Muskellähmer, lat. relaxare = erschlaffen)

Die Arzneimittelkunde unterscheidet:

1. Peripher angreifende Muskelrelaxantien.
   Das sind Mittel, die die Verbindung zwischen den die Muskeln erregenden motorischen Nervenbahnen und der Muskelfaser im Bereich der sogenannten Nervenendplatte unterbrechen, und
2. zentrale Muskelrelaxantien.
   Das sind Mittel, die eine Muskelerschlaffung durch Lähmung von Bewegungszentren im Gehirn oder Reflexzentren im Rückenmark bewirken. Die zentrale Muskelrelaxation ist eine erwünschte Nebenwirkung bei starken Beruhigungs- und Narkosemitteln.

Die bekanntesten Vertreter der peripheren Muskelrelaxantien sind das Pfeilgift Curare, dessen Wirkung durch Gegenmittel aufgehoben werden kann, und das in der Immobilisationspraxis bis vor einigen Jahren viel verwendete Succinylcholin.

Im Gegensatz zu den zentralen Muskelrelaxantien lähmen die peripheren Muskelrelaxantien auch das Zwerchfell, so daß schon geringe Überdosierungen zum Atemstillstand und zum Ersticken des Tieres führen. Durch sehr vorsichtige Dosierung kann man jedoch eine Phase zwischen völliger Lähmung der Extremitäten-Muskulatur und der erst bei erhöhter Dosierung vollständig eintretenden Zwerchfellähmung erreichen, die zur Immobilisierung von Tieren verwendbar erschien. In diesem Sinne kam besonders das *Succinylcholin* zum Einsatz.

Succinylcholin

Das Succinylcholin ist der Bis-Cholinester der Bernsteinsäure. Succinylcholin-Präparate sind:

Pantolax (Reiß, Berlin),
Lysthenon (Stickstoffwerke Linz, Österreich),
Celocurin (Asta, Schweden, Hamburger Arzneimittelfabrik),
Succinyl-Asta,
Succicuran (Hydrierwerk Rotleben),
Myorelaxan (Heyde, Radebeul),
Anectine (Burroughs Wellcome, Canada),
Paximmo (Paxarms Ltd., Timaru, Neuseeland).

Succinylcholin führt durch eine Depolarisierung der motorischen Endplatten zur Lähmung der quergestreiften Muskulatur. Skelettmuskellähmende und atemlähmende Dosis liegen sehr nahe beisammen; auch sind bei nur skelettmuskellähmender Dosis bereits Teile des Zwerchfells und der Brustwandmuskulatur gelähmt, so daß die Atemtiefe stark vermindert wird.

Dazu treten schon vor der Muskellähmung tumultuarische Herzaktionen mit Herzbeschleunigung, sekundenlangem Aussetzen der Herzaktion, unregelmäßigen Herzschlägen und Überleitungsstörungen am Herzen auf. Der Blutdruck fällt vorübergehend ab und steigt dann bei gleichzeitiger Atemdepression stark an, was zu Flächenblutungen an der Herzwand und zum Riß von größeren Gefäßen führen kann.

Diese durch das vegetative Nervensystem bewirkten Störungen werden durch die Angst und Erregung des während dieser Muskellähmung bei vollem Bewußtsein befindlichen Tieres verstärkt, so daß gelegentliche Todesfälle unter Succinylcholin nicht immer durch Überdosierungen und Atemlähmung, sondern auch durch Kreislaufversagen infolge der psychischen Belastung bedingt sind.

Tabelle 7. **Wildgewicht**

Wildart		kg Lebendgewicht (Ø)	
Rot-Hirsch		100–200	(150)
	Spießer	60–95	(75)
	Alttier	50–95	(70)
	Schmaltier	45–70	(60)
	Kalb (November)	35–50	(45)
Dam-Hirsch		75–85	(80)
	Knieper	40–50	(45)
	Spießer	38–45	(42)
	Alttier	35–45	(40)
	Schmaltier	35–40	(35)
	Kalb (November)	20–28	(25)
Sika-Hirsch		40–60	(50)
	Spießer	35–40	(35)
	Alttier	30–35	(35)
	Schmaltier	25–30	(28)
	Kalb (November)	15–20	(18)
Reh-Bock		16–20	(18)
	Ricke	16–20	(18)
	Kitz (November)	10–15	(12)
Axis-Hirsch		60–70	(65)
	Tier	40–50	(42)
	Kalb	20–30	(22)
Dybowski-Hirsch		50–65	(60)
	Tier	40–45	(42)
	Kalb	25–30	(25)
Davids-Hirsch		130–180	(150)
	Tier	90–110	(92)
	Kalb	40–50	(40)
Virginia-Hirsch		60–65	(62)
	Tier	40–50	(43)
	Kalb	20–25	(22)
Wapiti-Hirsch		160–220	(170)
	Tier	120–130	(110)
	Kalb	40–55	(45)
Elch-Bulle		300–350	(320)
	Tier	200–240	(220)
	Kalb (November)	70–90	(80)
Bison-Bulle		320–400	(360)
	Tier	250–280	(260)
	Kalb (November)	80–90	(80)
Wisent-Bulle		700–900	(800)
	Tier	500–600	(550)
	Kalb (November)	50–80	(60)
Wildschwein-Keiler		80–120	(100)
	Bache	60–80	(70)
	Überläufer	30–50	(40)

Den *Vorteilen* des Succinylcholins:

1. Geringes Injektionsvolumen,
2. Injektion nach 90 min wiederholbar (Heck)

stehen jedoch *erhebliche Nachteile* gegenüber:

1. Schmale Toleranzbreite (Wildgewichtstabelle beachten)
2. Erstickungs- und Herztodgefahr

Tabelle 8. **Succinylcholin**
Dosierungen bei i. m.-Injektion durch Beschußgerät

Tierart	Lebendgewicht Durchschnitt kg	Dosierung pro kg Körpergewicht mg	mg	An flutung min	Klimax min	Ab-flutung Std.	Volumen in ml.	Antidot	Bemerkungen
Rot- Hirsch	140	0,07-0,09		8-10	15	1/2	1,2		
Spiesser	95	0,07-0,095		8-10	15	1/2	0,9		
Alttier	92	0,07-0,09		10-12	15	1/2	0,9		nach Reuss
Schmaltier	70	0,075-0,095		11-12	15	1/2	0,7		
Kalb	50	0,09-0,11		12-14	17	1/2	0,55		
Dam- Hirsch	70						1,1		grösste
Knieper	50						0,8		Vorsicht
Spiesser	42	0,16		6-10	12	3/4	0,7		Kollapsgefahr
Alttier	40						0,7		
Schmaltier	30						0,5		nach Thomas
Kalb	20						0,3		
Sika- Hirsch	60	0,09-0,12		8-15	15	3/4	0,7		
Spiesser	40	0,09		6-10	12	3/4	0,4		
Alttier	35	0,08-0,11		10	12	1	0,4		nach Cowan
Schmaltier	28	0,07		8	12	3/4	0,2		
Kalb	18	0,08		10	15	3/4	0,16		
Rehbock	15-20	0,08-0,11		5	15	1/2	0,2		
Ricke	18	0,08-0,10		5	15	1/2	0,18		nach Reiss
Schmalreh	12-15	0,07-0,09		3	10	1/2	0,15		
Dybowski-Hirsch	50-60	0,09-0,11		5-7	10	3/4	0,7		
Tier	40	0,08-0,10		5-8	10	3/4	0,4		
Axis- Hirsch	60-70	0,09-0,16		12	15	3/4-1	1,1		nach Thomas
Tier	50	0,09		11	15	3/4	0,5-0,8		
Virginia- Hirsch	60-65	0,05-0,06							
Tier	50	0,04-0,06							
Davids Hirsch	110-130	0,07-0,08							
Tier	90	0,06-0,08							
Wapiti-Hirsch	140-160	0,10-0,11							nach Flook
Tier	120	0,07-0,08							
Elch	400	- -							
Bison	320	0,07-0,08		5-7	8-10	1/2	2,5		nach Thomas
Wisent	400-600	0,06							
Alpensteinwild	75-100	- -							
Keiler	70	- -		nicht geeignet					
Bachen	50	- -		für Schwarzwild					
Überläufer	30	- -							

Konzentration: 10 mg S.C.C. pro ml wässriger Lösung (Pantolax S.C.C. Reiss, Berlin)
Kombination mit Dominal möglich

Daten für nicht aufgeführte Tierarten sind ggf. beim Präparatenhersteller anzufordern

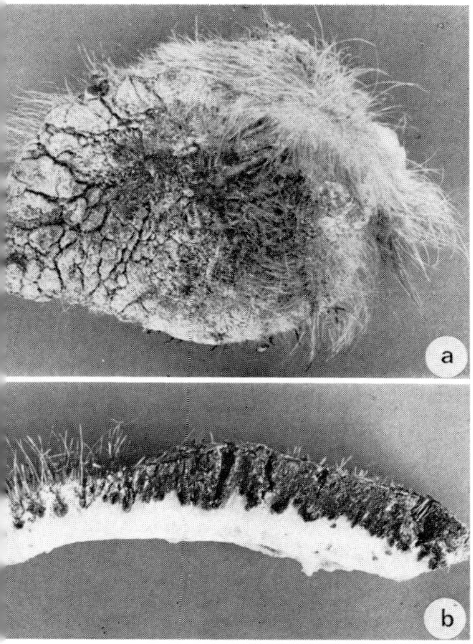

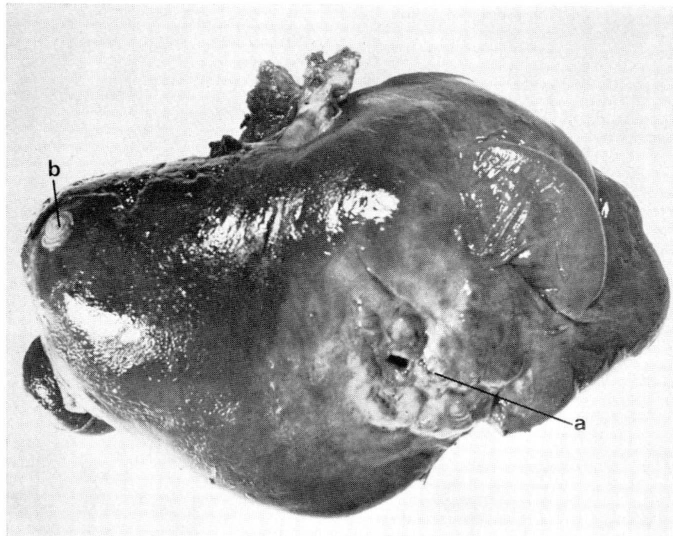

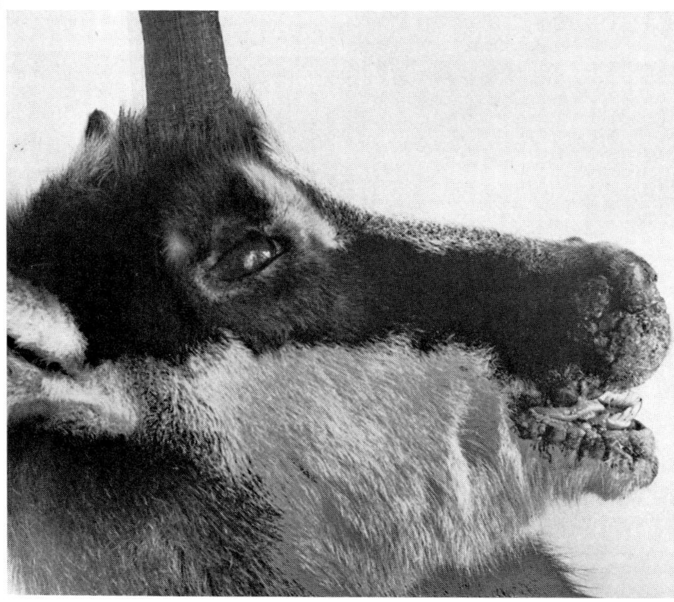

Oben links: a. Teller und b. Schwartenstück (Querschnitt) eines Wildschweines mit starken durch Räudemilbe (Sarcoptes suis) verursachten Veränderungen. — Oben rechts: Leber eines Rehes mit starkem Leberegelbefall; a. durch Fasciola hepatica hervorgerufene Abszeßbildung, b. Setaria cervi. — Mitte: Haupt einer Gemse mit Papillomatose. — Unten: Dasselfliegenlarven (Hypoderma diana) in der Unterhaut (Subkutis) eines Rehes. Phot. E. Kutzer

TAFEL 13

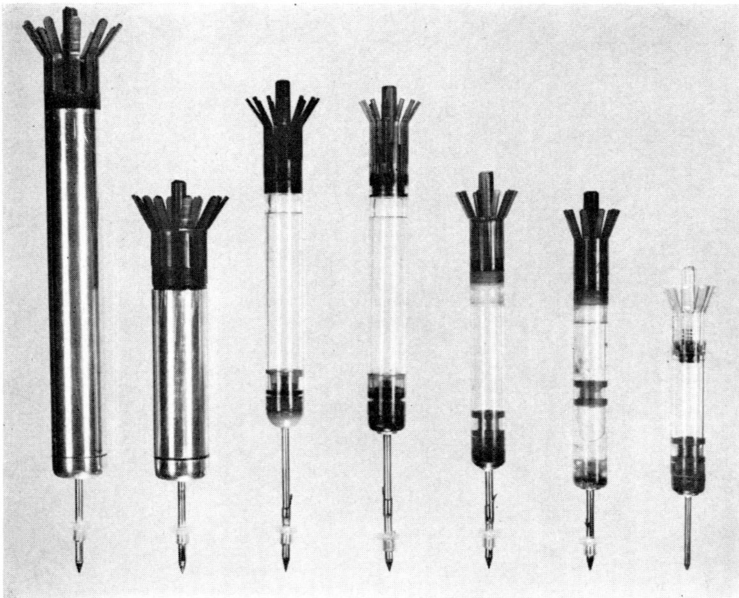

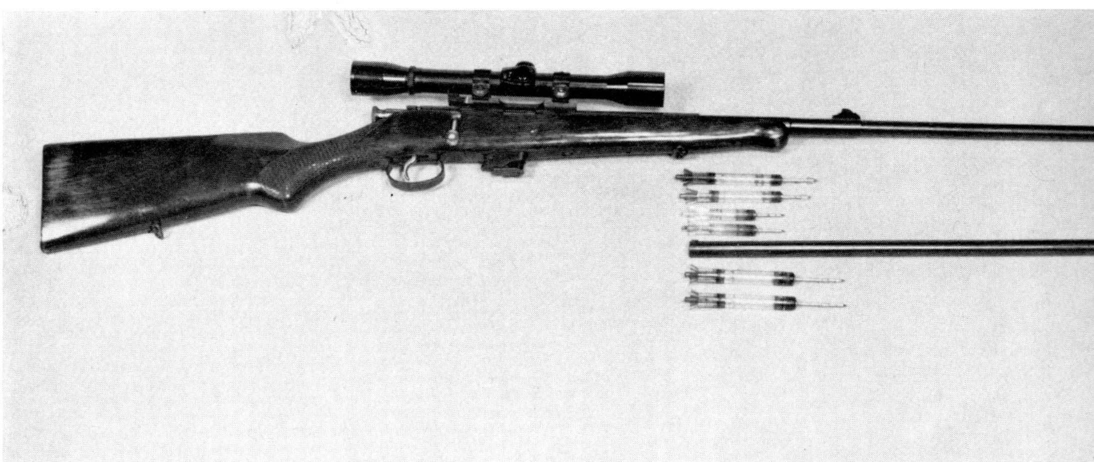

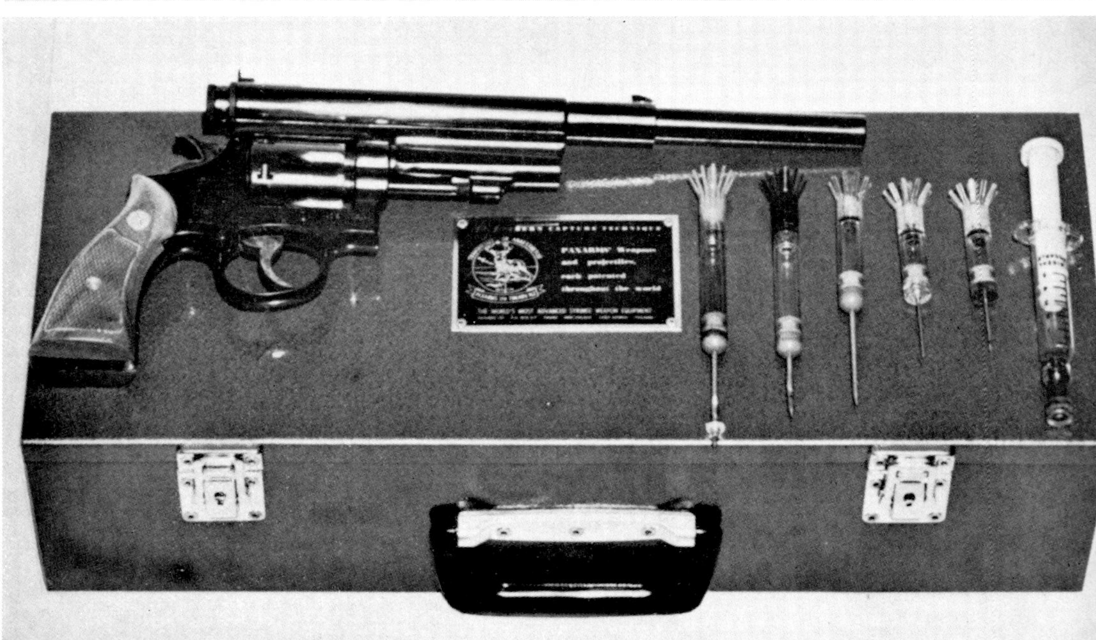

Oben: Paxarms Injektionsprojektile verschiedener Kaliber und Fassungsvermögen. Phot. H.-H. Hatlapa. — Mitte: Paxarms Narkosegewehr mit Wechselläufen. Phot. H.-H. Hatlapa. — Unten: Paxarms Gewehrkoffer. Phot. H.-H. Hatlapa

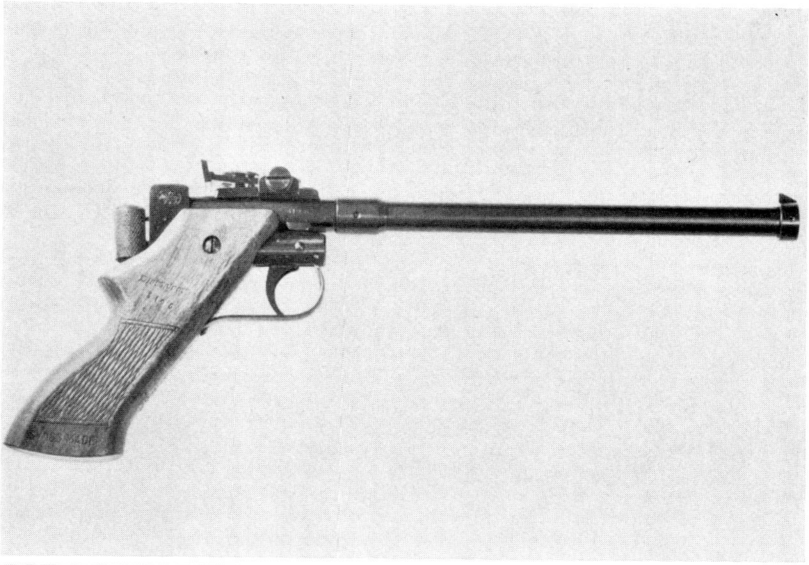

Oben: Dist-Inject-Pistole Mod. 30. Phot. P. Ott. — Mitte: Dist-Inject-Beschußgerät Mod. 60. Phot. P. Ott. Unten: Cap-Chur-Beschußgerät mit Ausrüstung. Phot. Palmer Chemical & Equipment Co., Inc.

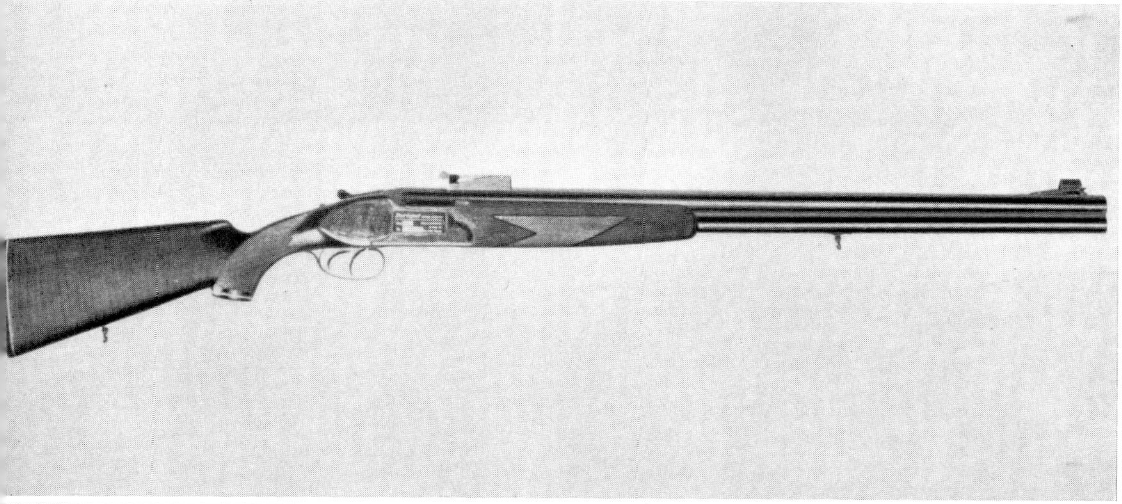

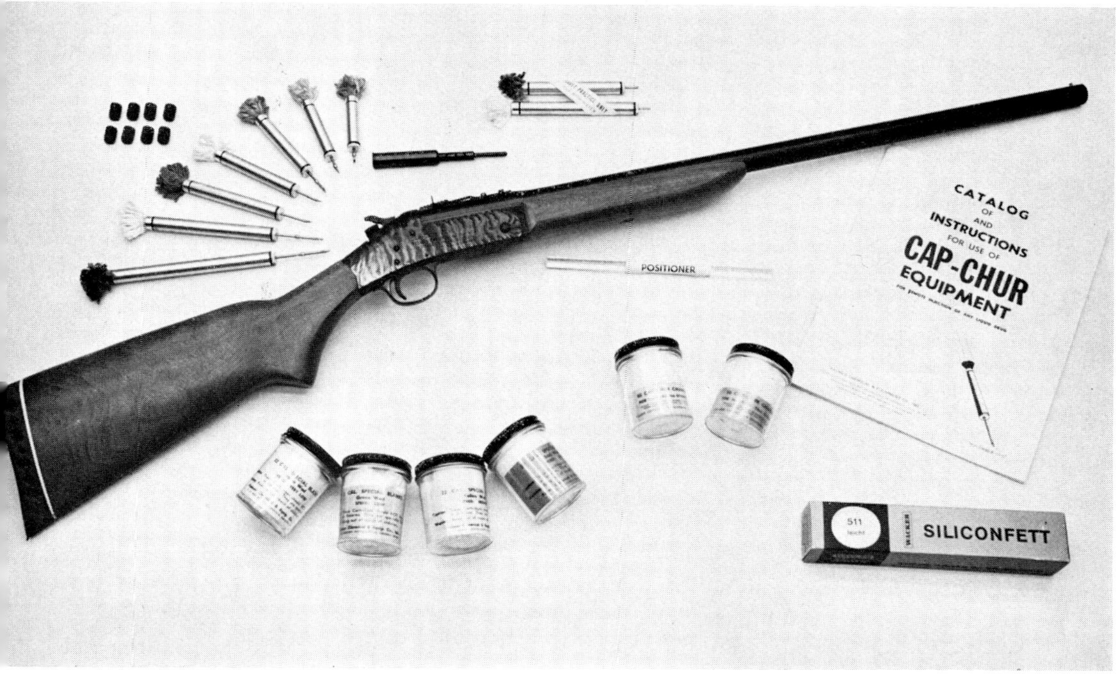

Wildsau in Stressnil-Parke-Sernyl-Narkose.
Phot. H.-H. Hatlapa

Damtier in M 99 Azaperon-Narkose.
Phot. H.-H. Hatlapa

Rothirsch in Rompun-Sernyl-Narkose.
Phot. H.-H. Hatlapa

Sikahirsch in Rompun-Vetalar-Narkose.
Phot. H.-H. Hatlapa

3. Psychische Überbelastung und Kollapsgefahr, da mit Succinylcholin paralysierte Tiere im Sensorium ungetrübt bleiben und alle Manipulationen bei vollem Bewußtsein erleben, ohne ihren natürlichen Fluchtreaktionen entsprechen zu können.

Daher müssen aus Gründen des Tierschutzes Bedenken gegen den Einsatz von Succinylcholin, insbesondere bei halbzahmen oder wildlebenden Tieren, geltend gemacht werden.

Es laufen zwar Versuche, durch Zusatz von stark wirkenden Beruhigungsmitteln (Tranquillizer, Neuroleptica) wie *Combelen* oder *Dominal* diesen schwerwiegenden Nachteil der Succinylcholin-Anwendung auszugleichen. Bislang ist es aber noch nicht gelungen, ein Mittel zu finden, dessen Wirkungseintritt vor dem Anflutungszeitpunkt des Succinylcholins liegt. Daher ist die Succinylcholin-Anwendung zur Zeit vom medizinischen und tierschützerischen Standpunkt aus nicht empfehlenswert.

Immobilisation mit zentralwirkenden, betäubenden Mitteln

Besonders im letzten Jahrzehnt wurden verschiedene, stärker wirksame Beruhigungs- und Schmerzbetäubungsmittel zur Anwendung bei Tieren entwickelt. Sie werden in der Tierheilkunde, insbesondere zur Narkosevorbereitung und zur medikamentösen Ruhigstellung, = Sedation (lat. sedare = besänftigen), für Untersuchungen, Behandlungen und Eingriffe in örtlicher Betäubung verwendet. Besonders die stärker wirkenden sowie die kombinierbaren und sich in ihrer Wirkung gegenseitig ergänzenden Mittel fanden dann auch Eingang in die Praxis der Immobilisation von Wildtieren. Vermöge ihrer großen Wirkungsbreite trugen sie dazu bei, die Häufigkeit von Todesfällen bei der Betäubung wildlebender Säugetiere herabzusetzen. Dazu zeigen sie in der Regel einen rascheren und von unangenehmen Erscheinungen freien Wirkungseintritt.

Die heute verwendeten Mittel gehören im wesentlichen zwei Arzneimittelgruppen an:

1. Neuroleptica, stark wirkende Tranquillizer. Diese Gruppe von Arzneimitteln gehört zu den psychotropen Sedativa (= seelische Beruhigungsmittel), die eine sogenannte Neurolepsie hervorrufen. Darunter versteht man
   a. psychische Dämpfung bis zum Schlafzustand;
   b. motorische Ruhe (zentrale Relaxierung = Bewegungsunfähigkeit durch vom Zentralnervensystem her bewirkte Muskelerschlaffung);
   c. Dämpfung des vegetativen Nervensystems.

Die Mittel haben ihren Angriffspunkt insbesondere an der sogenannten Substantia reticularis am Gehirnstamm. Sie rufen einen dem natürlichen Schlaf sehr angenäherten Zustand hervor, bei dem aber äußere Reize, abgesehen von Schmerzreizen, weitgehend ignoriert werden. In niedriger Dosierung bewirken sie nur Beruhigung, in höherer Dosierung kommt es zum Festliegen der Tiere.

Ein Nachteil ist, daß bei intensiven und fortdauernden äußeren Reizen, wie jagen der Tiere während des Anflutungsstadiums, die Neuroleptica-Wirkung abgeschwächt wird und damit das Schlafstadium nicht erreicht werden kann.

Diesen Nachteil kann jedoch die Kombination mit Analgetica ausgleichen, die dann zu einem meist beschleunigten und sicheren Wirkungseintritt führt.

2. Analgetica (griech. analgesia = Schmerzlosigkeit).
   Analgetica sind Mittel, die in erster Linie durch Angriff im Gehirn die Schmerz-

schwelle erhöhen, so daß Schmerzen nicht mehr empfunden werden. Dazu bewirken sie, besonders in höheren Dosierungen, auch eine mehr oder weniger starke Sedation bis zur Katalepsie, das ist ein Zustand der Bewegungslosigkeit bei gedämpftem oder aufgehobenem Bewußtsein, wobei jedoch ein deutlicher Spannungszustand der Muskulatur erhalten ist.

Analgetica sind keine Narkosemittel. Zu hohe Dosierungen bewirken Krämpfe mit Atemdepression. Auch Unterdosierung der Analgetica kann Erregungszustände hervorrufen.

Das älteste Analgeticum ist das Morphin. Heute stehen jedoch stärker und besser wirkende Ersatzmittel wie *Polamidon, Fentanyl, Etorphine* zur Verfügung. Die gleiche Wirkung haben auch die nicht mit den Morphinen verwandten und daher keine Drogenabhängigkeit erzeugenden Analgetika *Sernyl* und *Ketamin* (Vetalar).

Bei der nachstehenden Besprechung der Medikamente wird einerseits auf die alleinige Anwendung eines Mittels, das in den meisten Fällen (Käfig, kleines Gatter) ausreichend ist, eingegangen, andererseits auf die stärker und sicherer wirkenden Kombinationen hingewiesen.

Die Kombinationsverfahren haben den Nachteil, daß sie umständlicher in der Anwendung sind und häufiger auch mit für den Menschen gefährlicheren Mitteln arbeiten. Für eine absolut zuverlässige Wirkung in der freien Wildbahn sind diese Kombinationen jedoch notwendig, während man in kleineren Gattern und Gehegen mit der Möglichkeit des Nachschusses oder des Einfangens stark sedierter Tiere auch mit schwächeren Wirkungen und längeren Anflutungszeiten zurechtkommen wird.

Von den starken Psycho-Sedativa wurden zuerst vor allem die Phenothiazin-Derivate und chemisch verwandte Mittel wie *Megaphen, Combelen* (Bayer), *Dominal* (Chemiewerk Homburg), *Plegicil* (A/S Pharmacia, Kopenhagen; Clin.-Comar, Paris) eingesetzt, heute aber werden mit Vorteil das stärker wirkende Butyro-phenon-Derivat *Azaperone* (= *Stresnil* – Janssen) und das Thiazin-Derivat *Xylazin (Rompun* – Bayer) eingesetzt.

Rompun (Bayer)

Chem. Kurzbezeichnung: *Xylazin;* 2-(2,6-Xylidino)-5,6 Dihydro-4 H-1,3-Thiazin-Hydrochlorid.

Die Lieferung erfolgt als wäßrige, 2prozentige Lösung in Aufziehflaschen (1 ml = 20 mg) oder als Trockensubstanz in Flaschen mit je 500 mg Wirkstoff. Das Mittel kann in dest. Wasser gelöst werden. Die lokale Verträglichkeit ist auch in höheren Konzentrationen ausreichend, so daß jede geschoßvolumen- und dosierungsentsprechende Konzentration bis maximal 20 Prozent verwendet werden kann.

Rompun besitzt einerseits eine ausgeprägt sedativ-hypnotische Wirkung (griech. hypnos = der Schlaf). Dazu wirkt es zentral muskelrelaxierend, und besonders bei Wiederkäuern wird auch eine deutliche Analgesie hervorgerufen. Diese verschiedenen Wirkungen setzen schnell und gleichzeitig ein. Rompun erzeugt daher einen dosisabhängigen Schlafzustand, verbunden mit verminderter Schmerzempfindung und sinnvoll ergänzt durch eine allgemeine Muskelerschlaffung.

Nie kommt es zu einer echten Narkose, so daß die Tiere noch in gewissem Umfang erweckbar bleiben. Besonders bei starken Erregungen vor dem Beschuß und in der Zeit zwischen Injektion und Wirkungseintritt des Mittels kann die Wirkung erheblich abgeschwächt werden, so daß keine ausreichende Immobilisierung erzielt wird. Auch durch Nachdosierungen läßt sich dann in der Regel keine Wirkungsverstärkung erreichen.

In Kombination mit stark analgetischen und vor allem Katalepsie erzeugenden Mitteln läßt sich die immobilisierende Wirkung verstärken. Rompun wird durch Erhitzen über 100 Grad nicht zerstört.

Wirkungsverlauf: Nach intramuskulärer Injektion verlangsamen die Tiere schon nach 2 bis 3 min ihre Bewegung und senken Lauscher, Haupt und Träger, bis schließlich der Kopf fast den Boden berührt. Schwanken in der Nachhand und Anlehnungsversuche werden gefolgt von langsamem Niedertun. Auf dem Höhepunkt der Wirkung (nach 12 bis 15 min) werden in der Regel in Brustlage Kopf und Hals seitlich auf die Schulter oder nach hinten auf den Rücken gelegt. Heraushängen des Leckers und stärkerer Speichelfluß, Stöhnen oder Brummen gehören ins normale Verlaufsbild. Das Atemzeitvolumen und die Herzfrequenz werden vermindert. Bei höherer Dosierung kann ein vorübergehendes Ansteigen der Körpertemperatur festgestellt werden.

In entsprechender Weise verläuft die Wirkungsabnahme und Wiederherstellung des Stehvermögens. Die Pansenmotilität wird nicht nachhaltig beeinträchtigt. Auf Brust- oder Rechtslage ist zu achten. Vor und nach Beschuß sollen die Tiere nicht gescheucht oder aufgemüdet werden, bis die gewünschte Wirkung definitiv eingetreten ist.

Da bei hochträchtigen Rindern unter der Rompun-Wirkung starke Spannungserhöhungen in der Gebärmutterwand und verfrühte Abkalbungen mit Nachgeburtsverhaltung beobachtet wurden, wird auch die Rompun-Anwendung bei hochträchtigen Wildtieren nicht empfohlen.

Vorteile:

1. Große therapeutische Breite, wirkungskonstant.
2. Hochkonzentriert verwendbar ohne lokale Reizwirkungen.
3. Haltbar bis zu 4 Jahren bei entsprechender Lagerung der Trockensubstanz.
4. Keine intra- oder postnarkotischen Nebenwirkungen.
5. Wirtschaftlich und relativ ungefährlich in der Handhabung.
6. Sehr rascher Abbau des Rompun im Organismus. Bereits 4 Stunden nach der Betäubung soweit abgebaut, daß danach getötetes Wild zum Verzehr freigegeben werden kann mit Ausnahme von Innereien und Drüsen.

Nachteile:

1. Wirkung nicht durch Gegenmittel aufhebbar, jedoch durch *Pervitin* und ähnliche Mittel abzuschwächen (ein Drittel der gegebenen Rompundosis).
2. Fälle ungenügender Wirkung treten gelegentlich auf. Dabei sind besonders bei stark erregten Tieren Nachdosierungen unvorteilhaft, weil oft lediglich die Dauer verlängert wird, die gewünschte Wirkungsverstärkung aber nicht mit Sicherheit eintritt.

Abhilfe durch zusätzliche Injektion nachfolgender Analgetica: Sernyl, Vetalar, Etorphine; oder Azaperone. Während der Brunftzeit sind höhere Dosierungen (+ 20 %) anzuraten.

Parke-Sernyl (Parke Davis)

Chem. Kurzbezeichnung: *Phencyclidin;* 1-(1-Phenyl-Cyclohexyl-Piperidine-Hydrochlorid).

Das Präparat steht in Aufziehflaschen zu 10 ml in Konzentrationen von 20 mg/ml, 100 mg/ml und 200 mg/ml zur Verfügung. Sernyl bewirkt durch Angriff am Zwischenhirn bei den meisten Tierarten, insbesondere bei Klauentieren, aber auch bei Affen, Katzen, Robben und auch bei Menschen, eine ausgeprägte Analgesie und bei höherer Dosierung auch eine Katalepsie. Der erzielte Schlafzustand mit auf-

Tabelle 9. **Rompun (Bayer)**
Dosierungsangaben für i. m.-Injektion durch Beschußgeräte

Tierart	Lebendgewicht Durchschnitt kg	Dosierung pro kg Körpergewicht mg	Dosierung Konzentration	Dosierung pro Tier Gesamtmenge mg	Anflutung min	Klimax min	Abflutung Std.	Volumen in ml.	Antidot	Bemerkungen
Rot- Hirsch	140	4	15 %	560	6	15	2 1/2-3	Formel zur Dosisvolumenbestimmung: kg Körpergewicht x Dosierungsfaktor in mg. pro kg / Konzentration x 10 = ml	–	Im letzten Monat der Gravidität soll Rompun im Hinblick auf mögliche Frühgeburten nicht mehr angewandt werden.
Spiesser	95	4	"	380	5	15	2 1/2-3		–	
Alttier	92	4	"	368	5	15	2 1/2-3		–	
Schmaltier	70	4	"	280	5	15	2 1/2-3		–	
Kalb	50	4	"	200	7	15	2 1/2-3		–	
Dam- Hirsch	70	6-8	"	420	6	12	2		–	
Knieper	50	6-8	"	300	6	12	2		–	
Spiesser	42	6-8	"	252	6	12	2		–	
Alttier	40	6-8	"	240	5	12	2		–	
Schmaltier	30	6-8	"	180	5	12	2		–	
Kalb	20	6-8	"	120	5	12	2		–	
Sika- Hirsch	60	5	"	300	7	12	2		–	Konzentration b. 20% zur Geschoss-Volumenreduzierung vertretbar 1 ml = 200 mg
Spiesser	40	5	"	200	6	12	2		–	
Alttier	35	5	"	175	6	12	2		–	
Schmaltier	28	5	"	140	5	12	2		–	
Kalb	18	5	"	90	5	12	2		–	
Rehbock	15-20	2-3	"	60	7	15	3		–	
Ricke	18	2-3	"	54	7	15	3		–	
Schmalreh	12-15	2-3	"	45	7	15	3		–	
Dybowski-Hirsch	50-60	3	"	180	6	15	2 1/2		–	
Tier	40	3	"	120	5	15	2 1/2		–	
Axis- Hirsch	60-70	3-4	"	280	7	15	2 1/2		–	
Tier	50	3-4	"	200	5	15	2 1/2		–	
Virginia- Hirsch	60-65	3	"	195	6-8	15	2 1/2		–	
Tier	50	3	"	150	7	15	2 1/2		–	
Davids- Hirsch	150-180	1-2	"	300	6-9	15-20	2 1/2		–	
Tier	110	1-2	"	220	6-9	15-20	2 1/2		–	
Wapiti- Hirsch	140-160	3-4	"	500	7	15	2 1/2		–	
Tier	120	4	"	480	7	15	2 1/2		–	
Elch	400	1,5	"	600	8	20	2-3		–	
Bison	320	0,5	"	160	6-12	10	2-3		–	
Wisent	400-600	2-5	"	240	5	12	2-3		–	
Alpensteinwild	75-100	4	"	400	8	15	2		–	
Mufflon Widder	30-40	5	"	200	4-5	12	2		–	
Schaf	25-35	5	"	175	5	12	2		–	
Gamswild		3,5-4,5	"		1-1 1/2	3			–	

Rompun: Trockensubstanz Originalpackung:
5 Aufziehflaschen mit je 500 mg Substanz und
1 Aufziehflasche Lösungsmittel.

Rompun: 2prozentig in Aufziehflaschen zu 25 ml

Daten für nicht aufgeführte Tierarten sind g. g. f. beim Präparathersteller anzufordern

gehobener Schmerzempfindung wird als dissoziative Anästhesie bezeichnet. Dabei sind die Reflexe, insbesondere Schutzreflexe wie Schlucken, Husten noch erhalten.

Bei Unter- und Überdosierungen treten Erregungszustände auf, die bei sehr hoher Dosis in kataleptische Zustände mit Krämpfen übergehen. Bei Letaldosis (tödlicher Dosis) tritt der Tod durch Herz- und Kreislaufversagen ein. Die optimale Dosierung bei alleiniger Anwendung liegt bei 1 bis 2 mg/kg. Die immobilisierende Wirkung ist hierbei, besonders bei Affen und Feliden, sehr ausgeprägt. Bei Klauentieren ist jedoch als Nebenwirkung oft Unruhe, besonders postnarkotisch, spastische Atmung und starker Speichelfluß zu beobachten, so daß hier Kombinationen mit Tranquillizern, insbesondere Rompun, empfehlenswert sind. In dieser Kombination werden nur 0,5 bis 1 mg Sernyl/kg Körpergewicht benötigt.

Phencyclidin-Hydrochlorid ist wie Rompun gegen Einfrieren und Kochen stabil.

Phencyclidin wird rasch resorbiert und besonders in Leber, Nieren, Lunge, Milz und im Körperfett abgelagert. In Herz, Skelettmuskulatur und Gehirn sind nur niedrige Konzentrationen zu finden. Die Substanz wird teilweise im Körper, besonders in der Leber, gespalten, ein großer Teil wird über die Nieren unverändert ausgeschieden, insbesondere bei Pflanzenfressern, Mensch und Hund; bei Affen und Katzen erfolgt eine stärkere Abspaltung. Die Dosierungsbreite liegt bei 5.

Rompun-Parke-Sernyl-Kombination bzw. Rompun-Vetalar-Kombination

(nach Fritsch)

Diese Kombination dient dem Zweck, bei Wildwiederkäuern der freien Wildbahn oder bei stark erregten Tieren in Gehegen die ausgeprägten Mechanismen des Flucht- und Abwehrverhaltens rascher und sicherer als mit Rompun allein zu hemmen.

Die Kombination von Rompun mit Sernyl bzw. Vetalar hat dabei im Gegensatz zu den Kombinationen mit Morphin-Analgetica, wie Fentanyl, Oripavin, den Vorteil, daß Sernyl und Vetalar nicht den erheblichen gesetzlichen Beschränkungen der Morphin-Ersatzmittel unterworfen sind. Es können sowohl die Rompun- als auch die Sernyl- bzw. Vetalar-Dosierungen durch Kombination gesenkt werden. Wenn die Injektionsmenge unter 5 ml gehalten werden kann, ist wegen rascherer und kürzerer Wirkung der Rompun-Vetalar Kombination der Vorzug zu geben. Bei starken Hirschen muß zur Verringerung der Injektionsmenge Rompun mit dem in niedrigerer Dosis wirksamen Sernyl kombiniert werden.

Wirkungsverlauf: Nach Beschuß mit der Kombination verhoffen die Tiere nach anfänglicher Flucht von 2 bis 500 m Distanz. Das beschossene Tier bleibt nach 1 bis 1½ min, falls es noch mit dem Rudel zieht, stehen, sondert sich ab, und nach anfänglichem Schwanken kommt es in 3 bis 4 min zum sicheren Ablegen und Einschlafen des Tieres. Dabei kann Schnarchen und Brummen wie unter Rompun beobachtet werden. In dem Schlafzustand besteht auch eine für Operationen ausreichende Analgesie für etwa 1 Stunde Dauer. Die Wirkung beginnt nach Rompun-Vetalar nach ½—1 Std., nach Rompun-Sernyl nach 2 Stunden abzuklingen, wobei sich dann die Tiere langsam und zögernd erheben und anfangs noch deutliche Beruhigung zeigen. Während der Brunftzeit sind höhere Dosierungen (+ 10 %) anzuraten.

Vetalar, Ketanest (Parke Davis)

Chem. Kurzbezeichnung: *Ketamin;* 2-(0-Chlorphenyl)-2-Methylamino-Cyclohexan, 1-on-Hydrochlorid.

Ketamin steht speziell für die Immobilisierung als Vetalar in Aufziehflaschen zu

Tabelle 10. **Rompun (Bayer)-Parke Sernyl (Parke Davis) Kombination Dosierungsangaben für i. m.-Injektion durch Beschußgeräte**

Tierart	Lebendgewicht Durchschnitt kg	Dosierung Gesamtmenge pro Tier Rompun mg	Parke Sernyl mg	mg	Anflutung min	Klimax min	Abflutung Std.	mind. Volumen in ml.	Antidot	Bemerkungen
Rot-Hirsch	140	280	70		6	10	3-4	2,5		
Spiesser	95	190	50		6	10	2	2		Wildpret nicht
Alttier	92	190	45		7	10	2 1/2	2		verwenden
Schmaltier	70	150	35		6	10	2 1/2	2		
Kalb	50	100	25		5	10	2	1		Empfohl. Dosierung
Dam-Hirsch	70	210-280	70		7	12	3 1/2	2,5		Rotwild pro kg 2 mg Rompun
Knieper	50	150-200	50		6	12	3 1/2	2		0,5 mg ParkeSernyl
Spiesser	42	130-170	40		6	12	4	2		Damwild pro kg
Alttier	40	120-160	40		5	10	3 1/2	2		4mg Rompun
Schmaltier	30	100-120	30		5	10	2 1/2	1		1 mg ParkeSernyl
Kalb	20	60-80	20		5	8	2	1		
Sika-Hirsch	60	180	30		6	8	3			
Spiesser	40	120	20		6	8	3			
Alttier	35	100	20		5	7	3 1/2			
Schmaltier	28	80	15		5	7	3 1/2			
Kalb	18	60	10		4	6	4			
Rehbock	15-20	30-40	10		7	10	3			
Ricke	18	35	10		7	12	3			
Schmalreh	12-15	25-30	10		7	12	3 1/2			
Dybowski-Hirsch	50-60	150-180	30		5	8-10	3			
Tier	40	120	20		5	8-10	3			
Axis-Hirsch	60-70									
Tier	50									
Virginia-Hirsch	60-65									
Tier	50									
Davids-Hirsch	110-130									
Tier	90									
Wapiti-Hirsch	140-160	280-320	80		8	10	3			
Tier	120	240	60		7	10	3			
Elch	400									
Bison	320									
Wisent	400-600									
Alpensteinwild	75-100									
Mufflon Widder	30-40	90-160	20		10	20	3-4			
Schaf	25-35	75-140	20		12	20	3-4			Sedations-Ergebnis uneinheitlich
Schwarzwild		4 mg/kg	0,5mg/kg	+ 1mg/kg Stressnil						

Konzentration: Rompun 15% = 150 mg/ml (bes. in der Feistzeit bis zu 8mg Rompun/kg)

P. Sernyl 10% = 100 mg/ml

Daten für nicht aufgeführte Tierarten liegen z.Zt. noch nicht vor.

10 ml mit 100 mg Ketamin/ml zur Verfügung. Ketanest: Aufziehflaschen zu 10 ml (50 mg Ketamin/ml) und 20 ml (10 mg Ketamin/ml).

Vetalar stellt eine Fortentwicklung des Parke-Sernyl dar, die kürzere Wirkungszeit, rascheren Wirkungseintritt und größere Dosierungsbreite aufweist.

Die Wirkungsweise ist dieselbe wie die von Sernyl bei noch rascherem und von Erregungszuständen freiem Wirkungseintritt. Die Dosierungen in Kombination mit Rompun liegen bei 1 bis 4 mg/kg Körpergewicht bei Rotwild und Reh. Die Dosierungen beim Schwarzwild können mit 10 mg Ketamin pro kg Lebendgewicht zugrunde gelegt werden. Auffallend ist der rasche Wirkungseintritt von rund 1 min nach Injektion. Die große Dosierungsbreite beträgt 16.

Vetalar zerfällt beim Kochen im alkalischen Milieu bei 100 Grad C in unwirksame Stoffe. Es wird zu einem großen Teil in der Leber zum inaktiven Metaboliten gespalten.

Vorteile:
1. Rasche und sichere Wirkung, insbesondere in der freien Wildbahn.
2. Große Dosierungsbreite (doppelte bis dreifache Dosierung ungefährlich, Nachschußmöglichkeit).
3. Der erreichte Schlafzustand ist auch für operative Eingriffe geeignet.
4. Schutzreflexe, insbesondere Schlucken, sind noch erhalten.
5. Kleine Injektionsmengen.
6. Das Medikament ist von Tierärzten leichter erhältlich als Morphin-Derivate.

Nachteile:
1. Relativ lange Wirkung.
2. Keine Antagonisierbarkeit, durch Pervitin u. ä. Mittel in der Wirkung abschwächbar.

Für die Lagerung und Vorsichtsmaßnahmen gegen Ersticken und Einatmen von Magensaft und Speichel gelten dieselben Vorschriften wie bei Rompun.

Azaperone

4,-fluoro-4(4-[2 pyridic]-1-piperazinyl) butyrophenone.
Präparate: Stresnil (Janssen Pharmaceutica, Beerse, Belgien) – Düsseldorf, Deutschland.

Lösung mit 40 mg/ml in 20-ml-Aufziehflaschen oder Pulverform-Abfüllung zu 0,5 und 1 g. Als *Immobyl* (Janssen) steht auch eine Lösung mit 200 mg/ml besonders für Anwendung in der Immobilisierungspraxis zur Verfügung.

Sedaperone (Dänemark)

Azaperone hemmt die Durchlässigkeit der Nervenverbindungen im Bereich der Formatio reticularis im Stammhirn, bewirkt dadurch eine starke psychomotorisch bedingte Sedation, bei der das Bewußtsein jedoch nicht völlig aufgehoben ist und auch von außen einwirkende Reize wahrgenommen werden. Es bewirkt keine Analgesie.

Der durch Azaperone hervorgerufene Beruhigungszustand kann insbesondere durch Schmerzreize durchbrochen werden.

Ein Mortalitätsrisiko durch inkorrekte Dosierung ist gering. Die therapeutische Breite liegt bei 1000.

Azaperone ist als alleiniges Mittel verabfolgt in der Regel – außer bei zahmen Tieren – zur Immobilisation nicht ausreichend. Seine Wirkung ist besonders bei Schweinen sehr ausgeprägt, weshalb es in Kombination mit Vetalar (10 bis 20 mg/kg) zur Immobilisation von Schwarzwild empfohlen wird.

Tabelle 11. **Etorphine (M 99 Reckitt) — Azaperone (Janssen) Kombination (nach ERIKSEN) Dosierungsangaben für i. m.-Injektion durch Beschußgeräte**

Tierart	Lebendgewicht Durchschnitt kg	Dosierung Gesamtmenge pro Tier M 99 Reckitt mg	Azaper. mg	mg	Anflutung min	Klimax min	Abflutung Std.	mind. Volumen in ml.	Antidot	Bemerkungen
Rot- Hirsch	140-250	3-4	130-200	–		8	1/2	2,5		
Spiesser	95	2,5	110	–		8	1/2	2		
Alttier	92	2,5	110	–	5-8	8	1/2	2	M 285	
Schmaltier	70	2	90	–		8	1/2	1,5		
Kalb	50	1,5	70	–		7	1/2	1,5		
Dam- Hirsch	70-80	2	80-90	–		7	1/4	1,5		
Knieper	50	1,75	60	–		6	1/4	1,5		
Spiesser	42	1,5	50	–	5-8	9	1/4	1	M 285	
Alttier	40	1,5	50	–		9	1/4	1		
Schmaltier	30	1,2	40	–		8	1/4	1		Antidot M 285 2,5 mg. pro 1 mg M 99 Abflutungszeit ist bestimmt durch die Menge des verabreichten Antidots und des Neurolepticums. Die prophylaktische Verabreichung von Streptipenprozain (R) und Predni son wird empfohlen.
Kalb	20	0,5	30	–	3-5	6	1/4	1		
Sika- Hirsch	60	2	70	–		6	1/4	1,5		
Spiesser	40	1,2	50	–		6	1/4	1		
Alttier	35	1,2	40	–	5-8	7	1/4	1		
Schmaltier	28	1,2	40	–		12	1/4	1		
Kalb	18	0,5	30	–	3-5	6	1/4	1		
Rehbock	15-20	0,6	30	–	6	8	1/2	1		
Ricke	18	0,5	30	–	6	8	1/2	1		
Schmalreh	12-15	0,5	80	–	5	7	1/2	1		
Dybowski-Hirsch	50-60	2	80	–	4	6	1/4	1,5		
Tier	40	1,5	50	–	4	6	1/4	1		
Axis- Hirsch	60-70	2,2	80	–	6	8	1/4	1,5		
Tier	50	1,5	60	–	6	8	1/4	1,2		
Virginia- Hirsch	60-65									
Tier	50									
Davids- Hirsch	110-130									
Tier	90									
Wapiti- Hirsch	160-220	3-4	150-200	–	6	8				
Tier	120	1,5	120	–	6	8				
Elch •	400									
Bison	320									
Wisent	400-600									
Alpensteinwild	75-100									
Mufflon Widder	30-40	1,2	50	–	6-7	8				
Schaf	25-35	1	40	–						
Schwarzwild		M 99 = 10,00 - 23,00 yg + Azaperone = 1 mg / pro kg								

Konzentration: M 99 4 mg = 1 ml
Azaperone 100 mg = 1 ml Dosis: ca 1 mg pro kg Lebendgewicht
Antidot M 285 Reckitt 2,5 mg = 1 ml M-5050 Revivon 2,0 mg pro 1,0 mg M99
für Standard Alu-Ampullen 4 -3,5 -2,5 -2,2 -1 ml

Daten für nicht aufgeführte Tierarten sind g. g. f. beim Präparatehersteller anzufordern

Verschreibungsverordnung vom 24. 1. 74. Sowohl das Verschreiben wie die Abgabe von Etorphine sind in Deutschland verboten (§§ 5, 13).

Kombination Etorphine (M 99)-Azaperone (Janssen) nach E. Eriksen (21, 22)

Etorphin (Oripavin, M 99; Reckitt & Sons Ltd., England) 6,14/endoetheno-7-1-(R-hydrox/1/methylbutyl)/tetrahydro-oripavine hydrochlorid.

Etorphin ist als Thebaine-Derivat dem Morphium verwandt. Es ist 1000- bis 10 000fach stärker als Morphium und löst schon in sehr geringen Dosen Katatonie aus, worauf im wesentlichen seine Verwendung in der Wildtierimmobilisation beruht. Seine Wirkung kann vollständig aufgehoben werden durch Injektion eines spezifischen Morphin-Antidotes (M 285 = Cyprenorphin). Etorphin bleibt bei Temperaturen bis 135 Grad (über Dampfkochtemperatur) stabil.

Immobilisationsverlauf bei Anwendung der Kombination: In der Regel macht sich nach i. m. Injektion die Anflutung durch veränderte Gangart bemerkbar. Nach einigen 100 m bleiben die Tiere stehen, kurz vor dem Niedertun krümmen sie den Rücken ein und schwanken hin und her, bis sie langsam in den Sprunggelenken einknicken und umfallen, so als würden die Läufe unter dem Rumpf fortgerissen. Die Brustlage wird meist beibehalten, das Haupt ist erhoben, und die Lichter stehen offen. Ohne Antidot-Verabreichung klingt die Wirkung nach 1 bis 3 Stunden gewöhnlich ab.

Vorteile:
1. Zuverlässig, hochkonzentriert applizierbar, ohne schädliche Nebenwirkung. Längere Lagerung (kühl) im gelösten Zustand möglich.
2. Reversibel durch M-285 (Cyprenorphin) oder M-5050 (Reviron).
3. Ausreichende therapeutische Breite.

Nachteile:
1. Wegen der Einstufung von M-99 in die Reihe höchst gefährlicher Medikamente (Suchtgefahr) ist es für Handhabung durch Laien ungeeignet und allgemein schwierig in der Beschaffung.
2. Das Präparat ist teuer.

Wildfänge

Die Immobilisation wildlebender Tiere in unübersichtlichem, deckungsreichem Gelände oder in gebirgigen Gegenden zählt zu den schwierigen Einsätzen. Ein beschossenes Rudel flüchtet oft weit und zieht das getroffene Stück mindestens bis in die nächstliegende Dickung mit sich. Experimente mit Minisendern, Duftstoffträgern u. ä. führten zu keiner Erleichterung der Nachsuche, und es bedarf eines sehr erfahrenen Schweißhundes, die nach einigen Minuten einsetzende Angstwitterung des Tieres zu halten und bis zum niedergetanen Wild sicher zu arbeiten. Das Fangergebnis kann durch wirksame Dämpfung des Mündungsknalles einerseits und durch signifikante Verkürzung der Medikamentanflutung sowie sichere immobilisierende Wirkung verbessert werden. Eine Verkürzung der Medikamentenanflutung ist insbesondere bei Kombinationen mit Sernyl-Vetalar und mit M-99 zu beobachten. Hier werden im Regelfalle die Tiere nach 500 bis 700 m Flucht bereits an der Weiterbewegung gehindert, und sie brechen dann an Ort und Stelle zusammen.

Für kleine Gehege, in denen die Tiere nicht zu weit flüchten können, wo Nachsuch- und Nachschußmöglichkeit jederzeit gegeben ist, erweist sich die Verwendung von Rompun allein in der Regel als ausreichend. Für die Anwendung in freier Wildbahn würden wir jedoch besonders die Kombinationen mit *Etorphine* (M-99) bzw. *Phencyclidin* (Sernyl) bzw. *Vetalar* empfehlen.

Der Wirkungseintritt ist nicht nur von der Art des Mittels, sondern auch vom

Ort der Injektion abhängig. Eine sichere i. m. Injektion an der Keule führt zu genügend rascher Resorption und damit zum baldigen Wirkungseintritt. Bei Schrägschüssen, feisten Tieren, bei zu kurzer Injektionsnadel kann jedoch leicht das Mittel nur unter die Haut bzw. in Fettdepots injiziert werden, von wo es viel langsamer resorbiert wird. Verzögerte und ungenügende Wirkungseintritte sind dann die Folge. Um diese Möglichkeit auszuschalten, ist für die freie Wildbahn der *Zusatz von Hyaluronidase* zur Injektionslösung zu empfehlen.

Hyaluronidase ist ein Ferment, das die Interzellularsubstanz des Bindegewebes verflüssigt und dadurch eine schnelle Verteilung von injizierten Lösungen und ihre rasche Resorption ermöglicht. Eine Injektion unter die Haut flutet dann so rasch an wie eine in den Muskel.

Präparate

Kinetin (Schering)
Luronase (Bayer)
Ampullen mit einem lyophilen (lösungsfreundlichen) Pulver, das in der zu verabreichenden Injektionslösung gelöst wird. Eine Ampulle genügt für Injektionsmengen bis 5ml.

Einfang

An einem nebelnassen Dezembertag sollte freilebendes Sikawild im nordöstlichen Schleswig-Holstein eingefangen werden. Wir informieren uns über Lebendgewicht und Ernährungszustand des auszuwählenden Kahlwildes und präparierten 2 Cap-Chur-Injektionsprojektile mit einer rasch wirkenden Medikament-Kombination. Über raume wellige Ackerflächen, zerfurchte Feldwege und lehmschlammige Rinnen schaukelt uns ein — PS-starker Traktor bis in einen lückigen Buchenwald, dem bevorzugten Einstand dieses standorttreuen, meist vertrauten Wildes.

Nach langem Suchen endlich ein sicherndes Rudel in Jungwuchs-kopierter Bodenwelle. Grau die Leiber, leuchtend weiße Spiegel, ein zierliches filigranes Wild. Aufmerksam folgen die Häupter dem schaukelnden allmählich näher kreisenden Schlepper. 70 m, 60 m – unruhig tritt das Leittier herum – nervös stößt ein dunkelfarbiger Spießer ein starkes Kalb an, das Rudel beginnt sich zu formieren – 45 m, *halt.* Ein junges Alttier steht ganz frei. Das Rattern des Motors übertönt den Mündungsknall des Narkosegewehres. – Zeichnen, hohe Flucht, silbern blinkt es an der Keule. „Die Pille" sitzt. Stoppuhr ein, Glas hoch, an jenseitiger Lehne verhofft der kleine Sprung. Jede Beobachtungsminute ist jetzt kostbar. Das beschossene Stück bewindet den Fremdkörper an der Flanke und springt entsetzt zur Seite. 3 min – sie ziehen weiter über den Hang, unsicher gefolgt vom gezeichneten Stück. Die Anflutung zeigt Wirkung. Nach 15 min nehmen wir die Fährte im feucht-faulen Laub auf. 300 m weiter sitzt „unser" Alttier, das kleine rehgesichtige Haupt wie schlafend schulterwärts gelegt. Binden, Lecker raus, Einstich versorgen, Atmung und Puls prüfen – längst geübte Routine! Alles ist in Ordnung. Einkisten, Laufdurchziehen, Injektionsspritze einölen (Ballistol hilft für alles), Nachladen, weiter.

Schlackerschnee mit Regen setzt ein, und bequem steht es sich nicht auf schwankender Ackerschiene. Lange müssen wir suchen, da endlich, in feuchtem Erlengrund stehen sie, nahe am Hauptweg, fast verschluckt vom Gewirr der Zweige und Gilbnesseln. Wir gleiten in Baumdeckung herunter, der Trecker poltert fort. Fünf Stücke zählen wir, dicht gedrängt und keines steht breit. Überall Äste und stockausschlägige

Erlen. Zögernd schiebt sich ein Alttier vor und gibt Keule und Rücken frei. Im Knall stieben sie auseinander, etwas Silbernes wirbelt durch die Luft und fällt ins Bruch. Fehlschuß und Fehlzündung! – Nur ein paar Zweige ragten in die Geschoßbahn, zwei Hände breit über dem Wild. So nahe liegen Erfolg und Mißerfolg beieinander!

Wir fahren heim, und die Erfahrung lehrt: diese Projektilflugbahn hat ihre Eigenart, daher immer nur auf völlig freistehende Tiere schießen. Wind beeinträchtigt das Geschoß und hohe Feuchtigkeit das sichere Zünden. Die Wildbahn ist kein Gehege, und ein Wildtier verliert sich leicht.

Kapitel 17 Intra- und postnarkotische Versorgung, Komplikationsmöglichkeit

Beim Beschuß ist darauf zu achten, daß möglichst große Muskelpartien getroffen werden. Dies bewirkt den raschesten Wirkungseintritt und vermindert die Komplikationsgefahr.

Die in der nachfolgenden Abbildung 18 gestrichelt gezeichneten Felder sollten wegen der Gefahr der Verletzung innerer Organe in Brust- und Bauchhöhle, der Verletzung

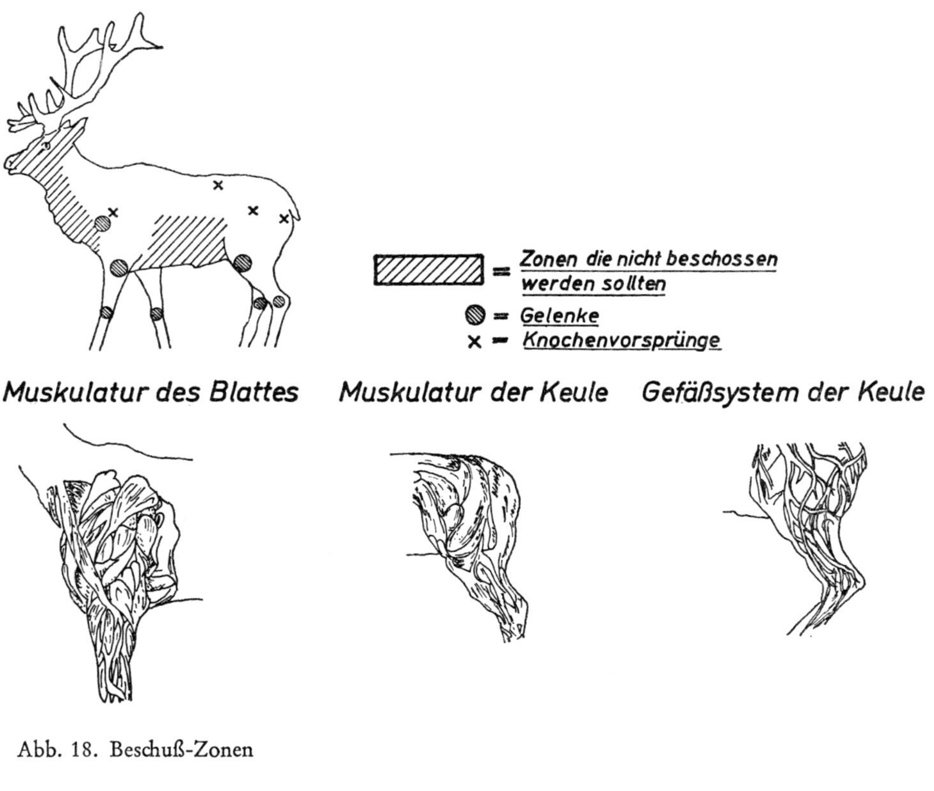

Abb. 18. Beschuß-Zonen

von Gefäßen und Luftröhre im Halsbereich und Komplikationsgefahren am Kopf nicht beschossen werden. Ebenso ist der Beschuß von Gelenken, die mit Punkten gekennzeichnet sind, möglichst zu vermeiden. An den mit Kreuzchen gekennzeichneten Stellen liegen Knochenvorsprünge dicht unter der Haut. Hier kann ein Beschuß zur Verbiegung der Kanüle, zu subkutaner Injektion, in schlimmeren Fällen aber auch zu Knochenbrüchen führen. Die empfehlenswerteste Injektionsstelle ist die Keule.

Nach der Immobilisation soll das Tier möglichst – wenn es nicht völlig narkotisiert worden ist – in Brustlage, sonst in rechter Seitenlage gelagert werden. Der Hals sollte gegenüber Kopf und Äser höher liegen, so daß evtl. Mageninhalt und Speichel nach außen abfließen können. Um die Atemwege freizuhalten, soll der Lecker aus der Mundhöhle herausgezogen werden Der Windfang soll nicht zugedeckt werden, auch soll kein Stroh, Gras o. ä., was eingeatmet werden kann, vor dem Windfang liegen. Zur Freihaltung der Atemwege ist außerdem darauf zu achten, daß der Hals nicht extrem abgebogen wird. Bei völlig immobilisierten Tieren sind die Lichter durch Unterlegen einer Decke zu schützen. Bei längerer Immobilisation kann ein Austrocknen der Hornhaut durch Augensalben verhindert werden.

Das Herausziehen der Kanüle sollte ohne Gewaltanwendung, evtl. durch einen kleinen Schnitt an der Stichstelle erleichtert, erfolgen. Auf keinen Fall soll die Haut abgehoben werden, was zum Einsaugen von Luft und Fremdstoffen unter die Haut mit der Möglichkeit nachheriger Abszeßbildung Anlaß geben kann.

An Komplikationen sind möglich: größere Blutungen durch Verletzen großer Gefäße oder beim Durchschlagen des Projektils durch die Decke. Hier sind chirurgische Versorgung des Schußkanals durch einen Tierarzt notwendig. Sonst genügt die Desinfektion der Stichstelle nach dem Entfernen der Kanüle mit einem üblichen Desinfektionsmittel wie Jod oder Jod-Ersatzmittel.

Andere Komplikationsmöglichkeiten sind: Knochenbrüche, wenn das Projektil auf Knochen aufschlägt. Das ist besonders bei kleinen Tieren – Rehen – leicht der Fall. Ferner kann bei Fehlschüssen die Brusthöhle oder die Bauchhöhle angestochen werden. Auch Injektionen in Gelenke sind möglich. An einigen Stellen, besonders an der Außenseite des Oberarmes, ist auch eine Nervenverletzung, die dann zu Lähmungen führt, möglich.

In allen diesen Fällen sollte der Rat eines Tierarztes, möglichst noch solange das Tier immobilisiert ist, eingeholt werden.

Eine routinemäßige Anwendung von antibiotisch wirkenden Mitteln, wie Penicillin u. ä., ist außer bei Fehlschüssen unnötig.

Ganz allgemein ist zu sagen, daß jeder Gehegehalter oder Jäger, der Tiere immobilisieren will, sich der Zusammenarbeit mit einem interessierten Tierarzt versichern sollte.

Der Tierarzt kann dem Wildhalter die nötigen Medikamente in der erforderlichen Dosierung abgeben. Um bei Komplikationen helfen zu können, sollte möglichst vor der Immobilisierungsaktion mit dem betreffenden Tierarzt abgesprochen werden, daß er im Fall von Komplikationen rasch erreichbar ist. Ebenso sollte der Tierarzt bei Bestandsuntersuchungen auf Parasiten und zu Behandlungen im Rahmen einer Immobilisierungsaktion herangezogen werden.

Kapitel 18 Haltung von Wild vor dem Versand

Für jedes Wildgehege, gleichgültig welcher Widmung, tritt zur gegebenen Zeit das Problem notwendiger Bestandsregulierung auf. Sofern qualifizierte Wildpopulationen gehalten werden, empfiehlt sich die Lebendwildabgabe, entsprechender Bedarf vorausgesetzt. Man sollte tunlichst die Entnahme zügig durchführen und unnötiges Hetzen und Anrühren des Wildes vermeiden. Das Immobilisieren und Aufsuchen des beschossenen Stückes sowie der Abtransport bringen erhebliche Unruhe mit sich und lösen Streßwirkungen auf die Restpopulation aus mit all ihren schädlichen Folgen. Man plane daher den Einfang sehr sorgfältig vor. Bindestricke, Fangnetze und Transportplanen zum Heraustragen des immobilisierten Wildes sollten bereitliegen.

Hervorragende Dienste leisten Mehrkammer-Versandschuppen mit verschiebbaren Wänden, wie sie bereits vorher beschrieben wurden. – Zuchtgehege können auf eine derartige Einrichtung überhaupt nicht verzichten –. Sie bieten den Vorteil, das eingefangene Wild auf postnarkotische Folgen hin für einige Tage zu beobachten, Losungsproben für vet. med. Untersuchungen gezielt zu entnehmen und die Tiere an beengte Räume zu adaptieren. Der sofortige Versand eines Wildtieres, welches sich nach Narkose noch in der Abflutungsphase befindet, erhöht das Transportrisiko um ein erhebliches.

Besondere Umsicht erscheint beim Transport von Wildsauen geboten. 24stündiger Nahrungsentzug und medikamentöse Erregungsdämpfung (Stresnil-Injektionen) sind dringend anzuraten. Bei schwüler Witterung besteht Kollapsgefahr.

Ist sodann nach erfolgreichem Einfang der Zeitpunkt des Abtransportes eingefangener Wildtiere gekommen, so sollte man zunächst der vorgesehenen Transportkiste kritische Aufmerksamkeit schenken. Es existieren die abenteuerlichsten Konstruktionen, und es verwundert nicht, wenn sich das Wild unterwegs Verletzungen zuzieht oder gar ausbricht. Ganz abgesehen von den zu beachtenden Grundsätzen des Tierschutzgesetzes, sollte eine Wildtransportkiste Mindestforderungen erfüllen:

1. Die Transportkiste muß in den Abmessungen der Größe des zu versendenden Tieres entsprechen.
2. Die Kistenböden sind grundsätzlich massiv auszuführen, und die Seitenwände müssen bis zu einer Höhe von 80 cm geschlossen sein, um zu vermeiden, daß Stücke durchtreten und sich die Läufe verletzen.
3. Es empfiehlt sich, jede Stirnwand als Schieber auszubilden, dabei eine Wand mit einer Futterklappe zu versehen. Sie dient nicht nur zur Versorgung des Wildes, sondern ermöglicht Zoll- und tierärztliche Inspektionen und im Notfall die Behandlung des Tieres.
4. Die Sicherung der Deckel mit Bandstahl reduziert die Ausbruchsgefahr. Erregte Tiere neigen dazu, mit dem Haupt die Deckelverbretterung zu durchschlagen, unnötige Verletzungen und Ausbrüche sind die Folge.
5. Beim Transport immobilisierter Tiere ist ein begleitender Tierpfleger erforderlich.

Es bedarf sicher keiner besonderen Begründung, weshalb Geweihträgern die Stirnwaffen etwa 2 cm oberhalb der Rosen abgesägt werden müssen. Dies sollte tunlichst bereits geschehen, wenn sich das Stück noch in der Narkose befindet und bevor man es zu Artgenossen in den Versandschuppen entläßt.

Für Transporte aufhabender Geweihträger eignen sich vollgeschlossene Pferdetransportwagen. Richtmaße für Wildtransportkisten siehe Seite 117.

Kapitel 19 Gesetze, Rechtsverordnungen, Genehmigungsverfahren

Eingedenk der öffentlichen Bedeutung in landeskultureller, züchterischer und wissenschaftlicher Hinsicht, die die Wildgehege gewonnen haben, und unter besonderer Würdigung der jagdlichen Interessen sind die zuständigen Behörden bemüht, Gesichtspunkte des Tierschutzes, der Raumplanung und des Jagdrechtes in Gesetzen oder Verordnungen zu verankern als Maßstab der Voraussetzung für die Haltung von Wild in Gehegen im Rahmen des öffentlichen Auftrages.

Nach Erlaß des Bundestierschutzgesetzes vom 24. Juli 1972 (Bundesgesetzblatt Teil I, Nr. 74, vom 29. Juli 1972), in Kraft getreten am 1. Oktober 1972, wird gemäß § 13 eine Rechtsverordnung alle tierschutzrelevanten Fragen über tierschutzgerechte Haltung sonst freilebender Tiere – Wild in Gehegen oder ähnlichen Einrichtungen – berücksichtigen.

Nach der Begriffsfassung dieser Verordnung sind Gehege Flächen jeder Größe, die für die Haltung sonst freilebender Tiere durch Zäune, Gatter oder Mauern eingefriedigt (eingehegt) sind. Von der Voraussetzung, alle Wildgehege amtlich zu registrieren und anzuerkennen, leitet sich die Verpflichtung der Eigentümer ab, diese Einrichtungen regelmäßiger Zustandsfeststellung unterziehen zu lassen. Zur Identifizierung und Überwachung tierartgemäßer und verhaltensgerechter Mindesterfordernisse wird die Führung eines Gehegebuches mit Angaben über Aufgabe und Zweck der Wildhaltung und laufender Parasitenkontrolle durch veterinärmedizinische Untersuchungsämter zur Auflage gemacht.

Hohe Anforderungen an die Qualifikation des Tierpflegepersonals möchte Mißbrauch vorbeugen.

Bei der Gestaltung der Gehege verlangt das Tierschutzgesetz zur Vermeidung von Schmerzen, Leiden, Schäden übergeordnet die Lebensansprüche der gehaltenen Tiere zu berücksichtigen, tierartgemäße Nahrung, Pflege und artspezifische, das Bewegungsbedürfnis nicht unnötig einschränkende Unterbringung zu gewähren. Hieraus ergibt sich ein Mindestflächenbedarf je nach Zweckbestimmung, der ohne Berücksichtigung der sommerlichen Zuwachsquoten für Schaugehege beispielsweise nach fachkundlicher Auffassung für

0,3 pro Hektar	Rotwild
0,1 pro Hektar	Dam- und Muffelwild
0,1 pro Hektar	Rehwild
0,05 pro Hektar	Schwarzwild

nicht unterschreiten sollte.

Die Zahl des zu haltenden Wildes richtet sich vornehmlich nach dem Sozialbedürfnis der einzelnen Tiere in Verbindung mit dem jeweiligen angestrebten Haltungszweck .

Für den Umgang mit Wildtieren in Gehegen stellt die Immobilisation bzw. Narkose durch geeignete Drogen die schonungsvollste Form des Einfanges dar. In § 34 des Bundeswaffengesetzes ist die Verwendung von Geschossen mit Betäubungsstoffen nur für den Einfang von Tieren erlaubt, und einzelne Bundesländer haben in besonderen Verordnungen das Führen von Narkosegewehren von einer Sondergenehmigung des zuständigen Ministeriums abhängig gemacht. Nur dem Tierarzt oder Arzt steht das Recht zu, die für Wildnarkosen notwendigen Drogen und deren Gemische an einen durch Qualifikationsnachweis ausgewiesenen, mit der Problematik der Immobilisation vertraut gemachten Personenkreis zugänglich zu machen.

Ländervorschriften der Wildverkehrsordnung finden beim Handel mit Lebendwild Anwendung und beinhalten meist auch Maßempfehlungen für Wildtransportkisten.

Tabelle 12. **Wild-Transportkisten**

Wildart Gattung	Abmessungen in cm				
	Länge A	Breite B	Höhe C	Höhe D	Kistengew
Rothirsch	175	66	145	265	80 kg
Rotalttier	152	55	115	220	50 kg
Rotschmaltier	152	55	115	220	50 kg
Rotkalb	152	55	115	220	50 kg
Damhirsch	152	55	115	220	50 kg
Sika Hirsch	152	55	115	220	50 kg
Muffelwidder	152	55	115	220	50 kg
Damalttier	130	60	105	200	30 kg
Damschmaltier	130	60	105	200	30 kg
Sika Alttier	130	60	105	200	30 kg
Sika Schmaltier	130	60	105	200	30 kg
Sika Kalb	130	60	105	200	30 kg
Damkalb	130	60	105	200	30 kg
Mufflonschaf	130	60	105	200	30 kg

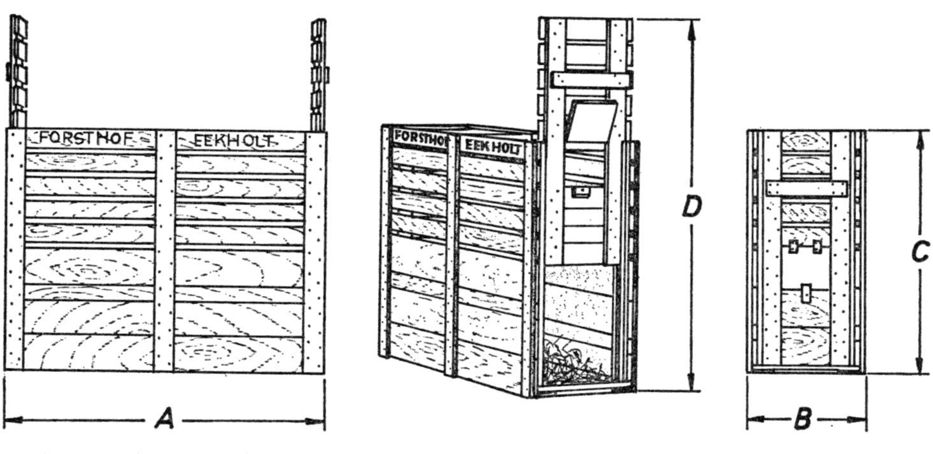

Abb. 19. Wildtransportkiste

Genehmigungsverfahren

Die Genehmigungsverfahren werden im allgemeinen durch Länderrecht geregelt und weichen voneinander ab. Sofern öffentliche Belange der Einrichtung eines Geheges nicht im Wege stehen und Rechte Dritter nicht beeinträchtigt werden, ist im allgemeinen mit der Erteilung zu rechnen.

- Bayrisches Naturschutzgesetz 17. März 1970
- Gesetz zur Änderung des Tierschutzgesetzes der Landesregierung Nordrhein-Westfalen, insonderheit § 4b.
- Landschaftspflegegesetz des Landes Schleswig-Holstein § 31/32, Drucksache 7/504
- Niedersächsische Verordnung G.V.Bl. Nr. 14/1973 vom 16. April 1973, der Regierungspräsident Land Niedersachsen Artikel 15a und 15b:
  „Die Anlage eines Schau- oder Sondergeheges mit einer Größe über 1 ha (Tiergarten, Wildpark) bedarf der Genehmigung der Jagdbehörde. Die Genehmigung darf nur versagt werden, wenn das Gehege
  1. den Anforderungen des Tierschutzes oder der Tierseuchenhygiene nicht entspricht,
  2. außerhalb der im Zusammenhang bebauten Ortsteile angelegt werden soll und die Jagdausübung nicht nur unerheblich beeinträchtigt oder
  3. den allgemeinen Zutritt zur freien Landschaft unangemessen behindert."
- Österreich:
  Bei den geplanten Novellierungen der österreichischen Landesjagdgesetze ist für Jagdgehege als Mindestgröße jene eines Eigenjagdbezirkes vorgesehen.

Im übrigen sind in fast allen Ländern der Bundesrepublik Bestrebungen erkennbar, die Einrichtung und Überwachung von Wildgehegen einem Genehmigungs- und Kontrollverfahren zu unterwerfen.

Schlußwort

Dieser Leitfaden zur Errichtung und Führung von Wildgehegen soll den weiten Rahmen der Probleme zeigen, die an die Eigentümer und Betreuer von Gehegen herangetragen werden.

Die lawinenartige Vermehrung der menschlichen Erdbevölkerung hat den völligen Wandel ihrer Gesellschaftsordnung im Gefolge und damit eine so vehemente Lebensraumverengung, daß die Existenz des Wildtieres in zunehmendem Maße vom Verantwortungsbewußtsein des Menschen abhängig wird. Der Mensch unserer Tage wird durch Film und Fernsehen zunehmend zur audivisuellen Form der Informationsaufnahme hin entwickelt. Jede Möglichkeit, Erbauung mit Belehrung zu verbinden, sollten geeignete Wildgehege nutzen, durch Waldlehr- oder -lernpfade bodenständige Waldlebensgemeinschaften zu interpretieren.

Erst durch sinnvolle Einfügung der gehaltenen Wildtiere in das gesamte Ökosystem der Landschaft wird notwendiges Allgemeinverständnis geweckt.

Überhaupt gewinnt ein Gehege, wenn spezielle Aufgaben der Tierzucht, des Arten- und Umweltschutzes sowie Forschungsthemen zusätzlich übernommen werden.

Wie geschickt ein Gehege auch angelegt sein mag, immer bedeutet es eine Beeinträchtigung der freien Wildbahn. Je natürlicher seine Anlage gestaltet werden kann, desto geringer ist die Störwirkung. Verwirklichung und Einfügung in die Landschaft sollte mit großer Behutsamkeit erfolgen und als Funktion überregionaler Raumplanung verstanden werden.

Wie unsere Kirchen, unsere Dichtungen, unsere Musik, unsere technischen Errungenschaften zur menschlichen Kultur gehören und das Wissen um diese zur Allgemeinbildung, so sollte die Kenntnis des heimischen Wildtieres, seine Haltung, seine Lebensgewohnheiten und seine Bedürfnisse uns heutigen Menschen ein Stück Kulturgut bedeuten. Wenn mit dieser Schrift ein Beitrag dazu geleistet werden konnte, hat sie ihren Zweck erfüllt.

Literatur

1. Analyse von Rehwildmilch. Persönliche Mitteilung des Berliner Lebensmitteluntersuchungsamtes an Prof. BRÜGGEMANN. Berlin 1936.
2. BAUDITZ, R.: Sedation, Immobilisation und Anästhesie von Zoo- und Wildtieren mit Rompun. Vet. Med. Nachrichten 3. Verlagsbuchh. Elwert, Marburg 1972.
3. BECKER, M.; NEHRING, K.: Handbuch der Futtermittel. Bd. I. Verlag Paul Parey, Hamburg und Berlin 1969.
4. BENINDE, J.: Der Rothirsch. Verlag Gebr. Gerhardt, Leipzig 1937.
5. BLANE, G. F.; BOURA, A. L. A.; FITZGERALD, A. E.; LISTER, R. E.: Actions of Etorphine Hydrochloride (M 99) a potent morphinelike agent. British Journal Pharmacol. and Chemoter. Vol. 30, No. 1, p. 11. May 1967.
6. BONNGEL, H.: Fütterungsversuche bei heranwachsendem Rotwild *(cervus elaphus, cervus elaphus hippelaphus).* Dissertation. Inst. f. Tierphysiologie der Universität München. 1969
7. BRÜGGEMANN, J.: Bedeutung und Eignung von Wildgattern für Forschungszwecke. ÖAfW-Mitteilungen. Exklusiv-Beilage zu „Der Anblick". Graz 1969.
8. BRÜGGEMANN, J.; DRESCHER-KADEN, U.: Welche Vitamine braucht unser Wild? Die Pirsch. Nr. 4, S. 126—130. BLV Verlagsgesellschaft, München 1971.
9. — Vitamin-A-Speicherung in der Leber von Schalenwild. Deutsche Jäger-Zeitung. Nr. 9, S. 200—201. Verlag J. Neumann-Neudamm, Melsungen 1971.
10. BRÜGGEMANN, J.; HATLAPA, H.-H.: Über die Immobilisation und Narkose von Wildtieren. Der Deutsche Jäger. H. 7/8. München 1972.
11. BUBENIK, A. B.: Grundlagen der Wildernährung. 1. Aufl. Deutscher Bauernverlag, Berlin 1959.
12. — Das Geweih. Verlag Paul Parey, Hamburg und Berlin 1966.
13. CAMPBELL, H.; HARTHOORN, A. M.: The Capture und Anaesthesia of the African Lion in his natural environment. The vet. Record 1963. 755.275.
14. DJV-Handbuch. Jagd 1971/72. S. 169 ff. F. C. Mayer, München.
15. DLG-Standardmischfutter für Rinder, Schweine und Geflügel. 3. Aufl. Deutsche Landwirtschafts-Gesellschaft, Frankfurt 1966.
16. DRESCHER-KADEN, U.: Mineralstoffe für unser Wild. Die Pirsch. Nr. 25, S. 1205—1207 und Nr. 26, S. 1262—1266. BLV Verlagsgesellschaft, München 1971.
17. DRESCHER-KADEN, U.; SCHULZ, V.; GROPP, J.: Die mutterlose Aufzucht von Rehkitzen mit verschiedenen Milchaustauschfuttertypen. Tierärztliche Umschau. 27. Jg., Nr. 8, S. 396 — 402. Terra-Verlag, Konstanz 1972.
18. DRASKOVICH, J.: Rotwildgehege. Rohrer Verlag, Innsbruck 1951.
19. EICHENBERGER, B.: Das Jütische Low-Buch in holsteinischer Sprache. Flensburg 1717.

19a. EISFELD: Der Proteinbedarf des Rehes (capreolus capreolus) zur Erhaltung. Z. f. Jagdwiss. 1/74 in Vorbereitung.

20. ELFORD-YVANY G.: Mit dem Narkosegewehr im Tigerland. Hubertusverlag, Wien 1969.
21. ERIKSEN, E.: Infangning af Hjortevildt ved immobilisering med Neuroleptica. Saertryk af Nordisk Veterinaermedicin 1970. 22, S. 385—400.
22. — Medikamentel immibilisering og Faengsling af DYR. Saertyk af Nordisk Vet. 1970. 22, S. 85—97.
23. FAUSTMANN, O.: Die Verwendbarkeit von Sernyl bei Haustieren. Dissertation. Traunstein 1965.
24. FREVERT, W.: Rominten. BLV Verlagsgesellschaft, München 1967.
25. — Die Fütterung des Rotwildes. 2. Aufl. Verlag Paul Parey, Hamburg und Berlin 1959.
26. Fütterungshinweise für Rinder, Schweine, Geflügel. 4. Aufl. Deutsche Landwirtschafts-Gesellschaft, Frankfurt 1969.
27. FUSCHLBERGER, H., NERL, W.: Das Gamsbuch. F. C. Mayer Verlag, München 1971.
28. HALTENORTH, T.; TRENSE, W.: Das Großwild der Erde und seine Trophäen. BLV Verlagsgesellschaft, München 1956.
29. HECK, L.: Der Rothirsch. 2. Aufl. Verlag Paul Parey, Hamburg und Berlin 1956.

30. Heidemann, G.: Beitrag zur Biologie des Damhirsches. *(Cervus dama Linné* 1758). Dissertation. Math.-Naturw. Fakultät der Christian-Albrechts-Univ. zu Kiel. 1971.
31. Henning, R.: Die Abschußplanung beim Schalenwild. F. C. Mayer Verlag, München 1969.
32. Huxley, T. H.: The relative size of Antlers in Deer. Fischer Verlag, Stuttgart 1963.
33. Immobilization and restraint of large wild mammals with Azaperone and Fentanyl. Janssen Pharmaceutica, Animal Health Div., Beerse (Belgien) 1969.
34. Jahn-Deesbach, W.: Düngung auf Wildäsungsflächen. Der Forst- und Holzwirt. 26, S. 439—441. Freiburg 1971.
35. — Wildäsungsflächen. In: Buchwald, K.; Engelhardt, W.: Handbuch für Landschaftspflege und Naturschutz. Bd. II: Pflege der freien Landschaft. S. 447—490. BLV Verlagsgesellschaft, München 1968.
36. — Bewirtschaftung von Wildäsungsflächen. Allg. Forstzeitschrift 21, S. 140—141. BLV Verlagsgesellschaft München 1966.
37. — Geeignete Pflanzen für Wildäsung. Allg. Forstzeitschrift 21, S. 168—171. BLV Verlagsgesellschaft, München 1966.
38. Gedanken und Hinweise zur Anlage von Wildäsungsflächen. Hessische Jäger. 7, H. 8, S. 3—7. Verlag Gratfeld, Butzbach 1963.
39. — Über die Verbesserung der Wildäsung. Der Deutsche Jäger. 84, S. 199—204. F. C. Mayer Verlag, München 1966.
40. Jahn-Deesbach, W.; Goebel, K.-D.; Schnedler, W.: Über Verbißertragsleistung und Nährstoffgehalt verschiedener Gehölze. (Bisher unveröffentlichte Arbeit).
41. Jahn-Deesbach, W.; Heymann, G.: Untersuchungen über die Beäsungsintensität auf unterschiedlich gedüngten Wildäsungsgrünlandflächen. Z. f. Jagdwiss. 15, S. 17—28. Verlag Paul Parey, Hamburg und Berlin 1969.
42. Jessen, H.: Jagdgeschichte Schleswig-Holsteins. Hrsg. L. J. V. Schleswig-Holstein e. V. Verlag Möller, Rendsburg 1958.
43. Kellner, O.; Becker, M.: Grundzüge der Fütterungslehre mit Futterwerttabellen. 15. Aufl. Verlag Paul Parey, Hamburg und Berlin 1971.
44. Kirchgessner, M.: Tierernährung. Deutsche Landwirtschafts-Gesellschaft, Frankfurt 1969.
45. Klöppel, G.: Zur Immobilisation von Zoo- und Wildtieren. Kleintier-Praxis. 14, H. 7, S. 203. Verlag Schaper, Hannover 1970.
46. Knaus, W.: Das Gamswild. Verlag Paul Parey, Hamburg und Berlin 1960.
47. König, E.: Der Einfluß des jahresperiodischen Verlaufs des Wasser- und Zuckergehaltes einiger Baumrinden auf das Schälen durch Rotwild. Schriftenreihe der Landesforstverw. Baden-Württemberg. Bd. 27. Stuttgart 1968.
48. Kretschmann, G.: Hege mit Pflug und Spaten. Österr. Jagd- und Fischereiverlag des N. Ö. Landesjagdverbandes, Wien 1963.
49. Krumbiegel: Wie füttere ich gefangene Tiere. 3. Aufl. Deutsche Landwirtschafts-Gesellschaft, Frankfurt 1965.
50. Kutzer, E.: Zur Parasitenbekämpfung beim Schalenwild. Berliner und Münchener Tierärztliche Wochenschrift 84, S. 230—253. Verlag Paul Parey, Berlin und Hamburg 1971.
51. — Die wichtigsten Parasitosen des heimischen Nutzwildes und ihre Bekämpfung. I. Endoparasiten der wildlebenden Wiederkäuer. Tierärztliche Monatsschrift. 58, S. 448—453. Wien 1971.
52. Kutzer, E.; Pointner, Jfl: Zur Bekämpfung des Magen-Darmwurmbefalles des Rehwildes mit Banminth® und Morantel®. Z. f. Jagdwiss. 17, S. 33—38. Verlag Paul Parey, Hamburg und Berlin 1971.
52a. Kutzer, E.; Pointner, J.; Prosl, H.: Einsatzmöglichkeiten von Parbendazole bei Reh-, Rot- und Schwarzwild. Tierärztliche Umschau (im Druck). Terra Verlag, Konstanz 1973.
52b. Kutzer, E.; Prosl, H.: Rundwürmer (Nematoden) im Zentralnervensystem beim Rothirsch. Österr. Weidwerk. 7, S. 284. 1973.
52c. Kutzer, E.; Prosl, H.: Ranide® — ein geeignetes Mittel zur Bekämpfung des Rachendasselbefalles bei Reh- und Rotwild. Österr. Weidwerk 12, S. 526—527, 1973.
52d. Lapras, M.; Deschanel, J. P.; Delatour, P.; Garstellu, J.; Lombard, M.: Accidents tératologiques chez de mouton après administration de Parbendazole. Bull. Soc. Sci. Vet. et Med. comparée. 75, p. 53—61. 1973.

53. LINKE, W.: Der Rothirsch. Die Neue Brehm-Bücherei. Ziemsen, Wittenberg Lutherstadt 1957.
54. LOTZE, K.: Das Ansprechen des Hirsches. Verlag A. Schaper, Hannover 1968.
55. MARSBOOM, R.: On the pharmacology of Azaperone, a neuroleptic used for the restraint of wild animals. Janssen Pharmaceutica, Animal Health Div., Beerse (Belgien).
56. MAYER, F.: Entwicklungsgeschichte der Kulturlandschaft des Herzogtums Schleswig in historischer Zeit. Bd. I. Breslau 1930.
57. Mischfutter — industriell hergestellt. Auskünfte vermitteln in der BRD: Fachverband der Futtermittelindustrie, 2 Hamburg 11, Börsenbrücke 2a; alle Mischfutterzwecke; der Landhandel und die örtlichen Landwirtschaftsämter. Auskünfte vermitteln in Österreich: Verband der Futtermittelindustrie; Vereinigung österreichischer Erzeuger von Misch- und Beifuttermittel, Zaunergasse 1—3, Wien III.
58. MITCHELL, B.: Immobilization of Red Deer with Etorphine. M 99. Reckitt and Sons, Hull 1970.
59. NIEKERK, J. W. VAN; PIENAAR, U.: Bericht über Substanzen, die als Immobilisierungsmittel beim Einfangen wilder Tiere im Krueger Nationalpark verwendet werden. Koedoe Nr. 6:126. Janssen 1963.
60. NIEMANN: Vaterländische Waldberichte. 1820—21. Z. der Gesellschaft f. Schleswig-Holsteinische Geschichte. 79, 81, 82. Karl Wachholtz Verlag, Neumünster 1955, 1957, 1958.
61. Olsen Pub. Co.: Composition of milk from different mammals. Dairy Industries Catalogue 30th ann. ed. 1957.
62. Pantolax (Succinylcholin-Reiss) — kurzwirkendes Muskelrelaxans. Dr. R. Reiss, Chemische Werke, Berlin-W. 1960.
63. Parke Sernyl ad us. vet. Parke-Davis Com., Ann Arbor, Michigan (USA) 1964.
64. PAV, J.; ZAJICEK, D.: Dynamik von Helminthosen des in Wildgattern gehegten Schalenwildes, ihre Vorbeugung und Heilung. Vortrag wiss. Konferenz Welt-Jagdausstellung Budapest 1971.
65. — Use of Parbendazole and Thibenzole for control of stomach and intestine nematodosis of wild ungulates. Výzkumný ústav lesniho hospodárstvi a myslivosti. S. 25—36. Zbraslav 1972.
66. Pharmakologische Grundlagen eines neuen Präparates für Analgesie, Sedation und Relaxation in der Veterinärmedizin. Bayer AG Vet. Klin. Forschung, Wuppertal (BAY VA 1470) Deutsche Tierärztliche Wochenschrift, Hildesheim 1968.
67. PINTER, H.: Z. f. Jagdwiss. 9, 69. Verlag Paul Parey, Hamburg und Berlin 1963.
68. — Z. f. Jagdwiss. 10, 123. Verlag Paul Parey, Hamburg und Berlin 1964.
69. Die Pirsch. 18, S. 416. BLV Verlagsgesellschaft, München 1972.
70. PRIEBE, H.: Landwirtschaft in der Welt von morgen. Econ Verlag, Düsseldorf und Wien 1970.
71. RAESFELD, F. VON: Das Rehwild. 7. Aufl. Verlag Paul Parey, Hamburg und Berlin 1970.
72. RAESFELD, F. VON: Das Rotwild. 6. Aufl. Verlag Paul Parey, Hamburg und Berlin 1971.
73. REUSS, H.: Persönliche Mitteilungen 1972.
74. — Beitrag zur Immobilisierung von Rot- und Rehwild. Tierärztliche Umschau 11. Terra Verlag, Konstanz 1966.
75. Rompun ad usum vet. Sedationen, Analgeticum, Anästheticum, Muskelrelaxans zur Anwendung beim Rind. Bayer AG, Vet. Klin. Forschung, Abt. Wuppertal. 1972.
76. SAGNER, G.; HOFFMEISTER, F.; KRONENBURG, G.: Sonderdruck Tierärztliche Wochenschrift. 75. Jg. H. 22 v. 15. 11. 1968. Verlag Schaper, Hannover.
77. Stresnil. Cilay-Chemie GmbH., vet. med. Abt. Wien 1971.
78. SZEDERJEI, A.: Die Goldmedaillenhirsche Ungarns, Budapest 1958. Hubertusverlag Wien.
79. TAFFS, L. F.: Low-level Thiabendazole in the control of worm parasites in pigs. Vet. Record. 81, S. 426—435. 1967.
80. The M-Series in game immobilisation. Game Immobilisation Div. Reckitt and Colman African Ltd., Cape Town 1971.
81. TÜRCKE, F.: Mittel gegen Wildschäden. F. C. Mayer Verlag, München 1970.
82. — Wildgehege und Freie Wildbahn. Forstarchiv. 43. Jg., H. 9, S. 179—184 (Sonderdruck). Verlag Schaper, Hannover 1972.
83. TUREK, F.: Grundlagen der Fütterung. Österr. Agrarverlag, Wien 1967.

84. UECKERMANN, E.: Wildstandsbewirtschaftung und Wildschadenverhütung beim Rotwild. Verlag Paul Parey, Hamburg und Berlin 1960.
85. — Die Fütterung des Schalenwildes. 2. Aufl. Verlag Paul Parey, Hamburg und Berlin 1971.
86. — Die Wildschadenverhütung in Wald und Feld. 3. Aufl. Verlag Paul Parey, Hamburg und Berlin 1970.
87. — Verhütung von Wildschäden im Walde. Forschungsstelle für Jagdkunde und Wildschadenverhütung, Bonn-Beuel 1968.
88. — Die Bedeutung des Schaugatters für den Forst- und Jagdbetrieb, darg. am Beispiel der Verhältnisse im Lande Nordrhein-Westf. XIV. IUFRO-Kongreß, Section 26. München 1967.
89. — Schaugatter-Technik und sonstige Hinweise zu ihrer Errichtung. Informationen 1 S 2894 E. Verlag Forsttechnik, Mainz-Gonsenheim 1970.
90. — Schaugatter, Nationalpark und Freie Wildbahn. Wild und Hund. 70. Jg., Nr. 11 v. 27. 8. 1967. Verlag Paul Parey, Hamburg und Berlin.
91. UECKERMANN, E.; HANSEN, P.: Das Damwild. Verlag Paul Parey, Hamburg und Berlin 1968.
92. UECKERMANN, E.; SCHOLZ, H.: Wildäsungsflächen. Verlag Paul Parey, Hamburg und Berlin 1970.
93. VOGT, F.: Das Rotwild. Österr. Jagd- und Fischereiverlag, Wien.
94. WEINZIERL, H.: Reviergestaltung. BLV Verlagsgesellschaft, München 1968.
95. WESTHUES, M.; FRITSCH, R.: Die Narkose der Tiere. Bd. II: Allgemeinnarkose. Verlag Paul Parey, Berlin und Hamburg 1961.
96. WHITEHEAD, K.: The Deerstalking Grounds of Great Britain and Ireland. Ältere Ausgabe, vermutl. erschienen bei David & Chatto, London.
97. — Deers and their Management. Ältere Ausgabe, vermutl. erschienen bei David & Chatto, London.
98. Wildtiere in Menschenhand. Bd. I: Grundlagen. Kollektiv-Fachgruppe „Berufsausbildung für Zootierpfleger". Unter Mitarbeit von BÜRGE, M. u. ELZE, K. VEL Deutscher Landwirtschaftsverlag, Berlin 1972.
99. WINANS, W.: Deer Breeding for Fine Heads. Hrsg. Dr. M. GOLDBERG. Verlag Paul Parey, Berlin 1913.
100. ZEEB, K.; RATTI, P.: Praktische Erfahrungen mit Rompun bei der Wildtier-Immobilisation. Veterinär Medizin. Nachrichten 3. Marburg 1972.